U0382778

本书为 国家社科基金重点项目“区域中心城市绿色转型要素的协同演化研究”（14AZD090）
国家自然基金面上项目“绿色转型视阈下区域中心城市生态效率测度与评价”（71874021）
教育部人文社会科学研究规划基金项目“创业人才生态系统健康评价研究——以东北地区为例”（18YJA630091） 的成果

Evaluation Method of
Urban Ecological Security Pattern

# 城市生态安全格局评价方法

商 华 著

科 学 出 版 社
北 京

## 内 容 简 介

本书在梳理生态学、环境科学、景观生态学、生态规划及相关理论的基础上，按照“格局动态—生态环境响应—生态安全格局构建”的研究思路，借助多时序遥感卫星影像，综合运用 GIS 技术、RS 技术和相关分析方法研究了城市生态安全格局变化特征及驱动机制，构建了城市生态安全格局评价方法，并以大连市为案例，从不同尺度上提出了大连市生态安全格局的网络空间构型，为城市划定生态用地，完善和落实生态功能区划、主体功能区划等区域调控政策提供有效工具。

本书可以为环境管理、生态规划、环境科学及其应用学科的研究人员和城市规划、环境管理的政府主管部门人员提供参考，也可以作为相关学科的本科和研究生的科研参考用书。

**图书在版编目（CIP）数据**

城市生态安全格局评价方法 / 商华著. —北京：科学出版社，2021.1
ISBN 978-7-03-066541-6

Ⅰ. ①城… Ⅱ. ①商… Ⅲ. ①城市环境-生态环境-评价-研究
Ⅳ. ①X21

中国版本图书馆CIP数据核字（2020）第205874号

责任编辑：朱萍萍 姚培培 / 责任校对：韩 杨
责任印制：徐晓晨 / 封面设计：有道文化

科学出版社 出版
北京东黄城根北街16号
邮政编码：100717
http://www.sciencep.com
北京建宏印刷有限公司印刷
科学出版社发行 各地新华书店经销
*
2021年1月第 一 版 开本：720×1000 B5
2021年1月第一次印刷 印张：11 3/4
字数：178 000

**定价：78.00元**
（如有印装质量问题，我社负责调换）

# 前　言

生态安全是国家安全的重要组成部分。随着世界范围内的生态环境问题越来越突出，保障生态安全已经成为各国社会经济发展的迫切需求。我国生态本底较脆弱，资源环境禀赋与生态状况空间差异显著。一些区域产业发展、城镇布局、资源开发强度与生态承载能力不匹配，导致生态系统功能退化严重，生态安全面临严重威胁。快速城市化进程在促进区域经济和社会发展的同时，也面临一系列城市生态环境问题，如景观破碎化、土地利用/覆盖变化剧烈、生物多样性降低、空气污染等。这些已经成为制约城市生态系统服务功能和城市可持续发展的重要瓶颈。减缓和应对城市化带来的负面效应迫在眉睫，优化区域景观结构、构建生态安全格局（ecological security pattern，ESP）、保育和恢复必要的区域生态过程已经成为应对城市化环境问题的重要共识。城市生态安全格局评价有利于识别城市可持续发展现状，在城市空间上合理配置和调整各类景观要素，为区域生态环境管理、城市生态规划或总体规划提供决策依据。

大连市是东北亚沿海中心城市，是沿海低山丘陵地貌区，地貌差异影响着区域自然资源空间分配，同时大连市还拥有许多饮用水水源地、自然保护区、森林公园等重点生态保护目标，影响着土地资源开发适宜性的空间格局。近几年，大连市城市化进程不断推进，导致资源开发与生态保护之间的矛盾日益突出，出现了水土流失、湿地破坏、生态系统服务功能下降等生态退化现象。对大连市城市生态安全格局现状进行评价，对探索适度开发模式、强化保护与开发协调关系、优化区域资源配置、构建区域生态安全格局等具有重要的现实意义。

本书系统梳理了城市生态安全格局相关理论，在景观生态学、保育生态学、城市生态学、环境科学及相关理论指导下，基于“格局动态—生态环境响应—生态安全格局构建”的研究思路，借助多时序遥感卫星影像，综合运用地理信息系统（geographic information system，GIS）与遥感（remote sensing，RS）技术和相关分析方法研究了大连市景观格局变化特征及驱动机制，分析了城市化背景下森林和湿地景观连接度变化特征和热环境空间分异特征及景观响应机制；以压力—状态—响应（pressure-state-response，PSR）模型为基础，构建生态安全的评价体系，在 GIS 技术和 RS 技术的支持下，对评价指标进行量化、空间化采样，描绘大连市压力、状态、响应评价等级空间分布；利用综合指数法叠加分析，得到研究区内生态安全空间分布图。最后，针对大连市景观破碎化和城市热岛等问题，从不同尺度提出了大连市生态安全格局的网络空间构型和生态保护红线，探讨保护和恢复生态退化地段的方案，为构筑生态安全屏障提供理论支持与方法依据。

本书得到国家自然科学基金重大国际合作研究项目“绿色增长理论与实践的国际比较研究”（71320107006）、国家自然科学基金重点项目“绿色转型视阈下区域中心城市生态效率测度与评价”（71874021）的资助。大连市生态环境局、大连市环境科学设计研究院在本书编写过程中提供了很多支持，研究生陈任飞、张雨、李忠文参与了本书的部分编写工作，在此一并表示衷心的感谢。

商　华

2020 年 1 月

# 目　录

# 第一章 绪　论

## 第一节　背景和意义

随着城市居住人口的急剧增加和污染的不断加剧，城市在快速发展的同时，其环境问题也逐渐凸显。城市变成了人与自然矛盾突出的地方，而探索城市发展的内涵和方向，规划未来城市美好的蓝图，也自然而然地成了世界各国所面临的一个重要课题。我国于1994年批准实施《中国21世纪议程——中国21世纪人口、环境与发展白皮书》，是国际上率先采取行动的国家之一。进入21世纪，全球可持续发展的共同努力进一步强化，经济全球化和生态化趋势进一步增强。我国加入世界贸易组织后，全面参与国际竞争，在这个过程中，生态环境对经济活动的支撑作用越来越大。生态安全的概念自1989年由国际应用系统分析研究所（International Institute for Applied System Analysis，IIASA）提出以来，已经成为学科研究的前沿和热点之一。许多国家和地区都高度重视生态安全，并把它作为国家安全基本战略之一。出口贸易正越来越多地面临主要来自发达国家的“绿色壁垒”挑战。

党的十七大把“坚持生产发展、生活富裕、生态良好的文明发展道路，建设资源节约型、环境友好型社会，实现速度和结构质量效益相统一、经济发展与人口资源环境相协调，使人民在良好生态环境中生产生活，实现经济社会永续发展”作为全面建成小康社会的重要目标之一，从坚持科学发展观的高度提出“建设生态文明”的重要思想，为实施可持续发展战略、推进社会主义现代化建设明确了方向①。党的十八大指出：“必须树立尊重自然、顺应自然、保

① 胡锦涛在党的十七大上的报告. http://fuwu.12371.cn/2012/06/11/ARTI1339412115437623_3.shtml [2020-07-06].

护自然的生态文明理念，把生态文明建设放在突出地位，融入经济建设、政治建设、文化建设、社会建设各方面和全过程，努力建设美丽中国，实现中华民族永续发展。”[①]党的十九大指出：“加快生态文明体制改革，建设美丽中国。人与自然是生命共同体，人类必须尊重自然、顺应自然、保护自然。”“我们要建设的现代化是人与自然和谐共生的现代化，既要创造更多物质财富和精神财富以满足人民日益增长的美好生活需要，也要提供更多优质生态产品以满足人民日益增长的优美生态环境需要。必须坚持节约优先、保护优先、自然恢复为主的方针，形成节约资源和保护环境的空间格局、产业结构、生产方式、生活方式，还自然以宁静、和谐、美丽。”[②]改善生态环境质量，提高生态系统的服务功能，建立国家生态安全体系，实现可持续发展，已经成为各国政府的共识。生态安全研究也成为学科关注的重点，维持生态安全是实现区域可持续发展的基础。因此，开展生态安全格局的构建工作具有十分重要的科学意义。

大连市位于东北地区辽东半岛的南端，具有重要的地理和战略地位，作为亚欧大陆桥的重要枢纽，已经成为东北地区重要的港口城市。大连市近年来正经历着前所未有的城市化进程，城市景观格局与环境急剧变化。在这一背景下，针对区域生态环境问题探讨城市景观调控机制具有重要的理论与现实意义。大连市从 2008 年开始了生态市建设工作，旅顺口区和长海县已经完成了规划编制工作，大连市其他地区也已经开始筹划规划的编制工作。在此工作基础上，构建大连市区域生态安全格局对其具有实践意义，可以为大连市的整体规划工作提供理论和方法依据。

## 第二节　国内外研究进展

### 一、城市化研究进展

城市化是一把双刃剑。它一方面促进了城市社会、经济的发展，提高了人

① 胡锦涛在中国共产党第十八次全国代表大会上的报告. http://www.12371.cn/2012/11/17/ARTI1353154601465336_8.shtml[2020-07-06].

② 习近平：决胜全面建成小康社会 夺取新时代中国特色社会主义伟大胜利——在中国共产党第十九次全国代表大会上的报告. http://www.12371.cn/2017/10/27/ARTI1509103656574313.shtml[2020-07-06].

们的生活水平；另一方面，由于城市中人口、建筑、工业过度集中，又带来环境污染、生态恶化、交通拥堵、住宅短缺、城市失业率高等诸多问题。

对于一个发展中国家来说，城市化是实现社会发展的重要主题。城市化不能简单地理解为农村人口进入城市，它是发展中国家经济社会结构发生根本性变革的过程。健康的城市化过程应该具有以下六个方面的内涵：①城市化是城市人口数量不断增多的过程；②城市化是产业结构转变的过程；③城市化是居民消费水平不断提高的过程；④城市化是农村人口城市化和城市现代化的统一；⑤城市化是一个城市文明不断发展并向广大农村渗透和传播的过程；⑥城市化是城市整体素质不断提升的过程。但是城市化过程发展过快会产生很多生态环境问题，使城市的健康发展受到影响。城市化的快速发展使得大量的农村人口不断涌向城市，而城市环境的自净能力和恢复能力是有限的，不能担负过高的人口密度，导致城市环境负荷增加，进而造成环境恶化。城市化的不断加速，导致绿地面积迅速减少、不透水面积增加、降水对地下水的补给量减少、地下水支出量远大于其收入量，地表塌陷和地表土壤的沙化、盐渍化，水资源循环系统的自然调节能力减弱，进而使整个生态环境恶化。同时，快速城市化也带来了城市热岛效应明显、城市固体废弃物污染加剧、城市大气污染严重、自然界的环境净化能力和修复能力减弱等生态问题。

## 二、生态安全格局研究进展

### （一）生态安全格局的起源

人类活动的持续增加导致全球气候变化和城市化问题的加剧，进而引起一系列生态安全问题，在不同尺度上影响着人类社会的可持续发展能力。生态安全研究主要集中于概念内涵、区域生态安全的结构与管理、生态安全的战略地位与意义、监测技术与评估方法等。国际上有关生态安全的研究最早可以追溯到 20 世纪 60 年代，这个阶段是生态安全概念的形成阶段。1962 年，美国海洋生物学家蕾切尔·卡逊（Rachel Carson）出版了环境保护科普著作《寂静的春天》（*Silent Spring*），初步揭示了污染对生物物种、生态系统的危害，由此掀起了全球性环境运动。1972 年出版的《增长的极限》（*Limits to Growth*）深入分析了资源、人口和环境相互影响的关系，引起了各国政府和科学界对生态问题的关注。同年 6 月，联合国在斯德哥尔摩召开了人类环境会议。此次会议确立了“生态环境保护与发展并重的主题，标志着“环境时代”的到来，是“可持续发展”战略思想的萌芽阶段，为后来的环境保护带来了重大影响。1981 年，莱斯特·R. 布朗（L. R. Brown）首次将生态系统保护的重要性提高到国家安全层面。他认为，第二次世界大战结束后，威胁国家安全的主要因素已由国与国之间的敌对军事威胁转变为由人类经济、文化快速发展引起的自然生态系统退化及资源匮乏的压力。布朗指出，20 世纪末国家安全的关键是持续发展性，各国政府应当重视生态系统的保护，以从根本上解决由生态压力及资源短缺引发的经济问题，如通货膨胀、失业、资金短缺和币制不稳定等，进而稳定社会和避免政治动荡，巩固国家安全（Walters，1982）。1987 年，世界环境与发展委员会（World Commission on Environment and Development，WCED）发布了著名报告《我们共同的未来》（*Our Common Future*）。在此报告中，环境安全的概念首次正式被联合国采用。该报告阐述了环境与经济发展的关系，扩展了国家安全的定义，指出“除了军事和政治威胁，国家安全还应包括环境破坏对经济发展产生的威胁”，强调“国家为了维护其安全，必须重视改善经济发展的环境背景”（宋国宝，2006a）。1989 年，国际应用系统分析研究所首次提出了生态安全的概念，并指出生态安全是确保人类生活、健康、安乐的基本权利，确保人类适应环境变化的能力不受威胁。1996 年，《地球公约》的《面对全球生态安全的市民条约》有 100 多个国家的 200 多万人签字。缔约建立在环境安全、可持续发展和责任的基础之上，要求各成员国和各团体组织相互协调利益、履行责任和义务，加强国际合作。至此，生态安全开始得到国际社会的认可。综上所述，生态安全的概念有狭义和广义两种理解。狭义的概念是指自然和半自然生态系统的安全，即生态系统完整性和健康的整体水平反映，主要研究生态系统的健康状况、景观安全格局及生态风险程度等。随着认识加深，人们意识到生态安全不只是自然生态系统的安全，还应该包括经济生态安全和社会生态安全，即生态安全的广义概念。它强调人类活动对自然生态系统的影响，探究的是国际组织（包括政府和非政府组织机构）在解决生态问题时所采取的一系列措施、政策及法律对生态安全的影响，应该是社会—经济—自然复合系统的安全。

20 世纪 90 年代末期，已有部分生态学领域的学者开始尝试运用景观生态学的观点理解生态安全，并在此基础上提出“生态安全格局”这一概念。目前，关于生态安全格局的研究包括了一系列的维度，如国土尺度（俞孔坚等，2009a，2009b）、土地利用尺度（蒙吉军等，2012）、区域尺度（俞孔坚等，2012）、城市尺度（杨青生等，2013）、耕地尺度（赵宏波和马延吉，2014）、景观尺度（李杨帆等，2017）及自然生态尺度（侯鹏等，2017）等。近年来，随着人们对生态安全的全面理解和可持续发展能力的重视，一些学者提出了区域生态安全格局的概念和规划设计方法（彭建等，2017），将人类社会发展需求与生态可持续发展需求相结合，使生态安全格局从单纯的物种生态过程保护层面向生态、环境和人类活动多维度保护转移。因此，在这一意义上，生态安全格局已经超出了传统生物多样性保护的范围，可以将其定义为以维持区域可持续发展为导向的景观优化配置关键模式，它针对区域生态环境主要问题，通过区域尺度上斑块、廊道、网络等关键景观要素优化配置，减缓或消除人类活动带来的负面效应，维持区域景观过程的连续性和完整性，适应不同使用者的多维功能需求，保护在不同发展水平下的区域可持续发展能力。因此，生态安全格局注定是一个多学科知识交融的规划设计途径，它基于对区域生态变化趋势和内在关系特征的理解，将生态问题诊断、生态功能需求评估和景观格局规划三者紧密结合，通过发挥人的主观能动性，促使景观向健康、稳定和可持续方向发展。

### （二）生态安全格局的评估与规划设计

由于生态安全格局能够最大限度地减少由人类活动直接或间接引起的生态环境和社会问题，生态安全格局评估与规划设计越来越受重视。不同知识背景的研究者从各自对生态安全格局的理解，提出了众多景观生态安全格局的构建方法。这些方法主要有指标最优化模型、适宜性/敏感性评价模型两类。

#### 1. 指标最优化模型

指标最优化模型利用选择的指标或构建的指标体系，在针对区域生态环境发展所面临各种问题理解的基础上，制定不同水平的区域景观格局优化预案，从景观布局、要素数量、总体需求、使用者成本等多个角度评价和排序这些预案的可行性与有效性，从而选择综合效果最好的方案作为区域景观最优发展模型。其主要包括线性规划、非线性规划、多目标规划、动态规划等。例如，早在 1993 年，Yakowitz 等利用多目标决策支持系统对美国亚利桑那州一个农业区域进行了以控制水土流失、地表水质和增加农业收入为导向的土地利用规划。曹红玉（2009）采用自然生态约束的空间分异综合评价探讨了县城生态安全格局构建方法。程鹏等（2017）选取典型评价指标，运用生态安全格局客观分析法与主观分析法进行对比分析，建立了包括生态系统服务安全格局、生物多样性保护安全格局、生态敏感性安全格局的生态安全格局综合评价体系，并将该评价体系运用到研究区域，对研究区域生态安全格局的变化趋势进行评价和分析。

2. 适宜性/敏感性评价模型

适宜性/敏感性评价模型是较早用于景观空间格局优化评估的工具，这一模型基于 McHargue 等（1992）的千层饼叠加模型，将影响景观功能和安全的各种因素置于空间图层，通过设定相应因子的权重进行叠加分析。由于提供了空间直观的结果，随着地理信息系统（geographic information system，GIS）技术的发展，这一模型在很长时间内得到广泛应用，并从土地规划向景观保育规划、城市扩张选址、道路交通选线等多方面拓展。生物多样性保护中的热点地区分析（hot spot analysis）、空缺分析（vacancy analysis）和保护生物多样性的地理学方法（a geographic approach to protect biological diversity，GAP 分析）都是基于这一模型。例如，Pearsall 和 Myers 等（2000）明确阐述了如何利用多样性热点进行生物多样性保护；方淑波等（2005）利用生态适宜性评价模型构建了兰州市城市生态安全格局，通过对不同适宜水平土地的判别，确定了各用地类型不同适宜性水平上的发展策略。高启晨等（2005）从保证管道安全和解决工程中的生态问题入手，利用水土流失敏感性评价研究了西气东输工程沿线区域生态安全格局设计模式。王棒等（2006）利用 GAP 分析研究生物多样性保护的区域生态安全格局。王月健等（2011）利用生态安全综合评价指数对过去玛纳斯河流域生态安全格局进行了评价分析。安冬和邓伟（2016）利用敏感性分析构建陕西省榆林市的生态安全格局。

## 第三节 主 要 内 容

大连市多山地丘陵，少平原低地，三面环海，在宏观层次上的地貌差异影响着大连市自然资源空间再分配状况。不同地区的资源禀赋不同，土地资源的适宜度也不尽相同。微观层面上，人是土地利用的主体，人口的密度、活动范围及活动方式影响人对自然土地系统的干扰强度与分布，而自然因素与资源制约又影响着人类的活动，人类的活动又作用于自然环境，改变生态环境。因此，自然因素和人为因素共同决定了大连市的生态安全格局的构建。

本书以大连市生态安全格局的构建为研究内容，重点探讨问题有：①以PSR模型为基础，确定生态安全的评价体系，包括人口密度、人类干扰指数、归一化植被指数（normalized differential vegetation index，NDVI）、景观多样性指数、平均斑块面积、生态系统服务功能、生态弹性度及景观破碎度等评价指标，并对这些评价指标进行计算和空间化采样，得到空间分布图，然后分析、描述其分布规律；②制作大连市压力、状态、响应评价等级空间分布图，探讨研究区内这三个层次的分布规律；③利用综合指数法叠加分析，得到研究区内生态安全空间分布图，分析其分布规律；④从大连市的区位特征、地理特征和社会经济角度出发，构建大连市生态安全格局，提出区域资源开发的空间分布策略；⑤阐述城市化进程中生态安全的问题及驱动因素，并分析对区域产生的影响，同时探讨保护和恢复生态退化地段的方案。

## 第四节 主 要 框 架

本书以大连市生态安全格局的构建为主要内容，分析框架如图1.1所示。

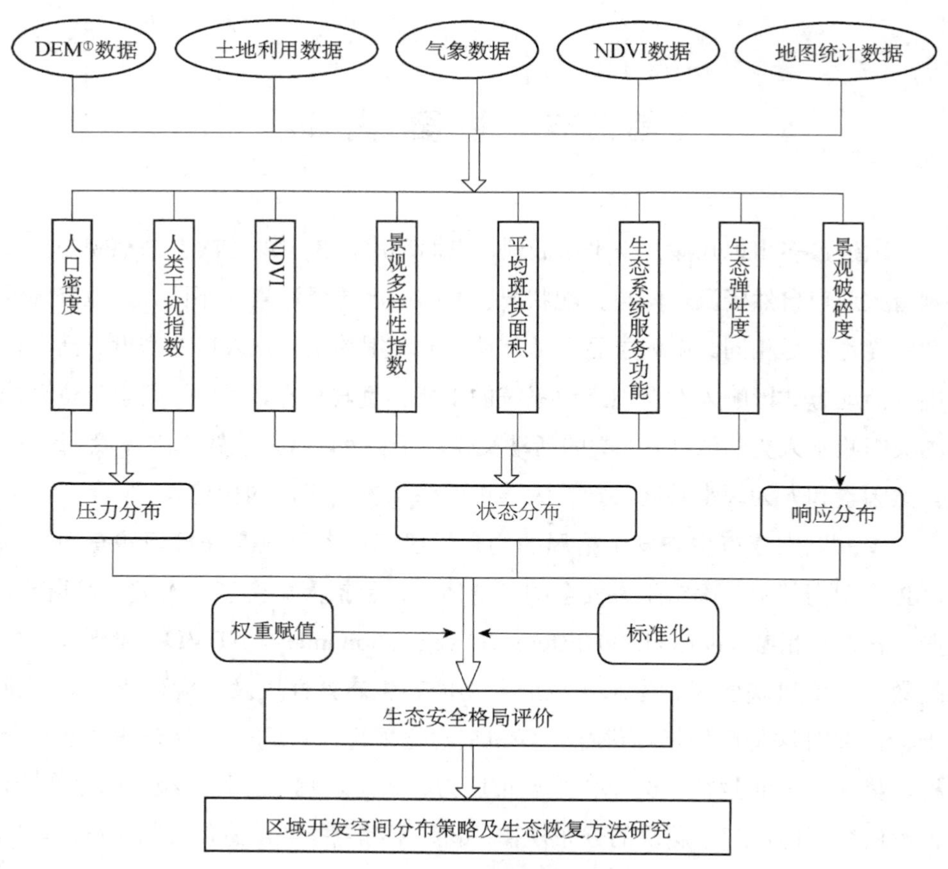


图 1.1　生态安全格局分析框架

① 数字高程模型（digital elevation model，DEM）。

# 第二章　理论与方法

本章将从景观生态学理论出发，对景观生态学理论和生态安全格局、生态功能区划与生态保护红线、生态城市理论及压力—状态—响应（pressure-state-response，PSR）模型进行介绍。

## 第一节　景观生态学理论和生态安全格局

### 一、景观生态学的起源

景观生态学起源于中欧和东欧，其发展历史可以追溯到 20 世纪 30 年代。德国区域地理学家 Troll 于 1939 年创造了“景观生态学”一词。基于欧洲区域地理学和植被科学研究的传统，Troll 将景观生态学定义为研究某一景观中生物群落之间错综复杂的因果反馈关系的学科。当时，Troll 的主要目的是将航空照片所反映的空间景观格局和 Tansley（1935）提出的生态系统的新概念整合到一起，从而更好地研究大尺度上格局和过程的关系。也就是说，通过景观生态学的概念，Troll 把地理学中盛行的水平—结构途径（horizontal-structural approach）与生态学中占主导地位的垂直—功能途径（vertical-functional approach）结合在一起，既满足地理学家对土地单元生态知识的了解，又满足生态学家将研究结果从局部推广到区域的需求（Troll，1971；Wu，2006；Wu and Hobbs，2007）。例如，在地面研究中获得的局部信息可以“借助于航空照片上获得的有关生态系统空间分布的知识在区域上推广”（Troll，1971）。

因此，景观生态学从一开始就明确地与生态系统生态学紧密地联系在一起。Troll 在 1968 年将景观生态学正式定义为“研究一个给定景观区段中生物群落和其环境间的复杂因果关系的科学。这些关系在区域分布上有一定的空间格局（景观镶嵌体、景观格局），在自然地理分布上具有等级结构”（Troll，1971）。尽管从语义上似乎难以看出上述定义与生态系统生态学定义的差别，但 Troll 对“复杂因果关系”的解释明确了景观生态学与生态系统生态学的 3 个差别：①更广阔的空间尺度；②强调空间格局；③同时考虑局地和区域尺度。值得注意的是，Tansley（1935）对生态系统的最初定义包含了人类影响，Troll（1939）的景观概念也明确地包括了自然和人文两种组分。就像当时其他持整体论（holism）观点的欧洲地理学家一样，Troll 将景观视为一种格式塔，即整体大于部分之和的整合系统。

景观生态学强调空间格局及生态学过程与尺度之间的相互作用，重在研究人类活动与生态系统的功能、结构关系，是着重于研究较大尺度上不同生态系统的空间格局和相互关系，改善空间格局与生态环境，整合社会经济过程的交叉学科，也是景观的结构（空间格局、功能生态过程和演化空间动态）的新兴学科。

历经几十年的发展，景观生态学在理论与实践方面迅速发展，成为景观空间分析的学科基础。景观生态学注重景观作为地域综合体的整体性，地圈、生物圈、智慧圈是这个整体的组成部分。伴随着欧洲、北美两个学派的景观生态学的发展及现代技术的发展，其已经融合成为高技术的、多学科的现代景观生态学。现代景观生态学发展如图 2.1 所示。

## 二、景观生态学的定义

景观生态学是研究景观单元的类型组成、空间配置及其与生态学过程相互作用的综合学科。景观生态学的研究对象和研究内容可以概括为 3 个基本方面——景观结构、景观功能、景观动态。开发行为在规划层面的反映可以表现为空间异质性格局的一种变化。开发行为是对景观格局的一种干扰行为。这为景观生态学与开发对生态影响的结合提供了依据和可能。

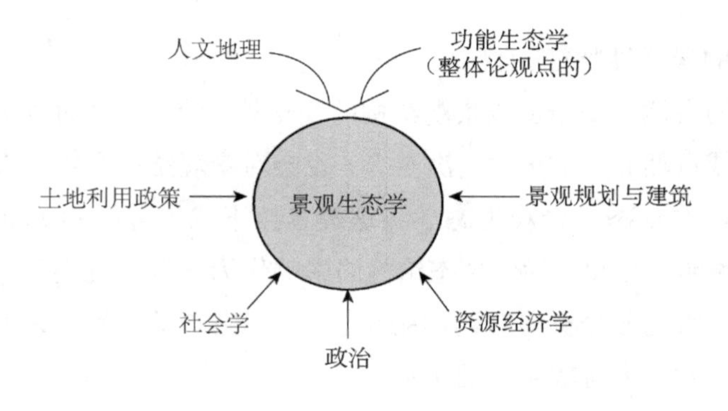


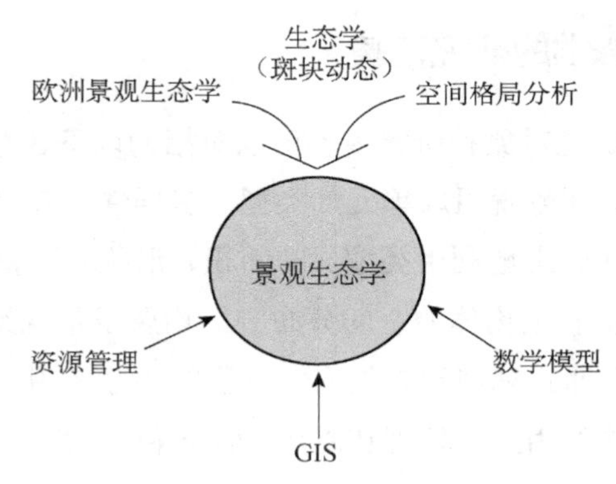


图 2.1　现代景观生态学示意图

受研究对象的影响，在景观生态学的研究中，对研究格局与研究尺度的选择对研究结果有较大影响。因此，在运用景观生态学为工具进行研究时，应首先确定研究的格局与尺度。需要说明的是，景观生态学中的尺度并非仅仅指事件发生所处空间的面积大小，其亦包括事件在发生事件上的范围与频率。

景观生态学对生态结构及其承载景观功能与动态的分析，建立在空间异质性的基础之上，即根据某种生态学变量来区分不同生态结构，并根据其空间分布特征来确定研究范围的景观生态格局。研究格局与尺度对空间异质性的判定有较大影响。在某一尺度下，较明显的生态学变量在另一尺度上的表现可能微乎其微。例如，在较小尺度上，不同类型的植物簇可以被划分为不同类型的斑块；而在较大尺度上，其可以被划分为同类型斑块，与其他生态环境类型（如河流、湿地区等）区分为不同类型的斑块。空间异质性是自然界中存在的普遍特征，也是景观生态学的理论基础，在运用景观生态学时应正确、清晰地选择合适的异质性特征。

除缓慢的自然演变会造成景观结构的变化外，较大的瞬时外力（如人类对自然的开发或自然界中的火灾、洪涝等）也会对景观结构产生较大影响，继而影响生态功能与动态。景观生态学将这类直接干扰生态结构的事件定义为干扰，并加以说明。开发行为对生态结构的影响作为一种干扰类型，在景观生态学领域中可以被充分分析与解读，因此选用景观生态学作为工具用来处理引发生态问题的开发行为有较明显的优势。

## 三、景观生态学的研究范畴

景观生态学的研究对象和研究内容可以概括为以下 3 个基本方面。

（1）景观结构：即景观组成单元的类型、多样性及其空间关系。例如，景观中不同生态系统（或土地利用类型）的面积、形状和丰富度，它们的空间格局，以及能量、物质和生物体的空间分布等，均属于景观结构特征。

（2）景观功能：即景观结构与生态学过程的相互作用，或景观结构单元之间的相互作用。这些作用主要体现在能量、物质和生物在景观镶嵌体中的运动过程中。

（3）景观动态：即指景观在结构和功能方面随时间的变化。具体地讲，景观动态包括景观结构单元的组成成分、多样性、形状和空间格局的变化，以及由此导致的能量、物质和生物在分布与运动方面的差异。

景观的结构、功能和动态是相互依赖、相互作用的。无论在哪一个生态学的组织层次上（如种群、群落、生态系统或景观），结构与功能都是相辅相成的。结构在一定程度上决定功能，而结构的形成和发展又受到功能的影响。例如，一个由不同森林生态系统和湿地系统所组成的景观，在物种组成、生产力及物质循环诸方面都会显著不同于另一个以草原群落和农田为主体的景观。即使是组成景观的生态系统类型相同，数量也相当，但它们在空间分布上的差别亦会对能量流动、养分循环、种群动态等景观功能产生明显的影响。景观结构和功能都必然地要随时间发生变化，而景观动态则反映了多种自然的和人为的、生物的和非生物的因素及其作用的综合影响。同时，景观功能的改变可以导致其结构的变化（如优势植物种群绝灭对生境结构会造成影响，养分循环过程受干扰后会导致生态系统结构方面的改变）。然而，最引人注目的景观动态往往是森林砍伐、农田开垦、过度放牧、城市扩展等活动，以及由此造成的生物多样性减少、植被破坏、水土流失、土地沙化和其他生态景观功能方面的破坏。

作为一门新兴的生态学学科，景观生态学的研究内容、方法和热点都在不断改变。一般而言，景观生态学研究的重点主要集中在下列几个方面：①空间异质性或格局的形成和动态及其与生态学过程的相互作用；②格局、过程、尺度之间的相互关系；③景观的等级结构和功能特征及尺度推绎问题；④人类活动与景观结构、功能的相互关系；⑤景观异质性（或多样性）的维持和管理。

## 四、景观生态学的原理与应用

景观生态学中的概念、理论和方法对解决实际的环境、资源和生态学问题具有很大的应用价值。景观生态学在应用中的突出特点体现在以下几个方面：①强调空间异质性的重要性；②强调尺度的重要性；③强调空间格局与生态学过程的相互作用；④强调生态学系统的等级特征；⑤强调斑块动态观点，明确地将干扰作为系统的一个组成部分来考虑；⑥强调社会、经济等人为因素与生态过程的密切联系。

### （一）景观生态学基本原理

Forman 和 Godron 在 1986 年提出了 7 条景观生态学原理：①景观结构与功能原理；②生物多样性原理；③物种流动原理；④营养再分配原理；⑤能量流动原理；⑥景观变化原理；⑦景观稳定性原理（Forman et al.，1986）。1995 年，Forman（1995）进一步将这些原理扩展并归纳为 4 类 12 条，如表 2.1 所示。

表 2.1　Forman 扩展后的景观生态学的基本原理

| 分类 | 条目 |
| --- | --- |
| 景观和区域 | 景观和区域性原理 |
| | 斑块、廊道和基底原理 |
| 斑块和廊道 | 大面积自然植被斑块原理 |
| | 斑块形状原理 |
| | 生态系统间相互作用原理 |
| | 复合种群动态原理 |

续表

| 分类 | 条目 |
| --- | --- |
| 镶嵌体 | 景观抵抗性原理 |
| | 粒度粗细原理 |
| | 景观变化原理 |
| | 镶嵌体序列原理 |
| 应用 | 聚集—零散格局原理 |
| | 关键性格局原理 |

这些所谓的景观生态学基本原理很笼统，在实际应用中必须要具体情况具体分析（Wiens，1999）。在此基础上，Dramstad 等（1996）将这些原理具体化，按斑块、边缘、廊道和连接度、镶嵌体 4 个部分总结出了 55 个比较具体而明确的原理。这些原理可以简述如下。

1. *有关斑块的原理*

1）斑块的大小

（1）边缘生境和边缘种原理：将一个大斑块分割成两个小斑块时边缘生境增加，从而往往使边缘种或常见种的丰富度增加。

（2）内部生境和内部种原理：将一个大斑块分割成两个小斑块时内部生境减少，从而会减小内部种的种群数量和丰富度。

（3）大斑块—物种绝灭率原理：大斑块中的种群比小斑块中的大，因此大斑块中的物种绝灭概率较小。

（4）小斑块—物种绝灭率原理：面积小、质量差的生境斑块中的物种绝灭概率较高。

（5）生境多样性原理：斑块越大，其生境多样性亦越大，因此大斑块可能比小斑块含有更多的物种。

（6）干扰障碍原理：把一个大斑块分割成两个小斑块时会阻碍某些干扰的扩散。

（7）大斑块效益原理：大面积自然植被斑块可以保护水体和溪流网络，维持大多数内部种的存活，为大多数脊椎动物提供核心生境和避难所，并允许自然干扰体系正常进行。

（8）小斑块效益原理：小斑块可以作为物种迁移的踏脚石，并可能拥有大斑块中缺乏或不宜生长的物种。

2）斑块的数目

（1）生境损失原理：生境斑块的消失会导致生存在该生境中的种群数量减少、生境多样性减少，进而导致物种数量减少。

（2）复合种群动态原理：生境斑块消失会减少复合种群，从而增加局部斑块内物种的绝灭概率，减缓再定居过程，导致复合种群的稳定性降低。

（3）大斑块数量原理：在景观中，若一个大斑块包含同类斑块中出现的大多数物种，那么，至少需要有两个这样的大斑块才能维持其物种丰富度；如果一个大斑块只包含同类斑块中出现的部分物种，为了维持这个景观中的物种丰富度，最好是有 4～5 个大斑块作为保护区。

（4）斑块群生境原理：在缺乏大斑块的情况下，广布种可以在一些相邻的小斑块中存活；这些小斑块虽然是离散的，但作为整体，能够为这些广布种提供适宜的、足够的生境。

3）斑块的位置

（1）斑块位置—物种绝灭率原理：在其他条件相同的情况下，孤立的斑块中的物种绝灭概率比连接度高的斑块中的要大。生境斑块的隔离程度取决于与其他斑块的距离及基底的特征。

（2）物种再定居原理：在一定时间范围内，与其他生境斑块或种源紧邻的斑块的物种再定居率要高于相距较远的斑块。

（3）斑块选择原理：在自然保护中，生境斑块的选择应基于斑块在整个景观中的重要性（如有的斑块对景观连接度起着枢纽作用）和斑块的特殊性（即斑块中是否包含稀有种、濒危种或特有种）。

2. *有关边缘的原理*

1）边缘结构

（1）边缘结构多样性原理：在一个结构多样性高的植被边缘（无论是垂直还是水平结构），边缘物种的丰富度也高。

（2）边缘宽度原理：斑块的边缘宽度是不同的，面对主风向和太阳辐射方向的边缘更宽一些。

（3）行政边缘和自然生态边缘原理：当保护区的自然生态边缘与行政边缘不一致时，可以将两条边缘间的区域作为缓冲区，以减少对核心区的影响。

（4）边缘过滤原理：斑块边缘具有过滤功能，可以减缓外界对斑块内部的影响。

（5）边缘陡度原理：斑块边缘陡然（即与周围环境对比度高）时可以阻碍沿着边缘方向的生物和物质流动，而过渡较缓的边缘则有利于横穿边缘的生物和物质流动。

2）边缘形状

（1）自然和人工边缘原理：大多数自然边缘是曲折、复杂、和缓的，而人工边缘多是平直、简单、僵硬的。

（2）平直边缘和弯曲边缘原理：生物对平直边缘的反应多为沿着边缘方向运动，而弯曲边缘会促进生物穿越边缘两侧的运动。

（3）和缓与僵硬边缘原理：弯曲边缘比平直边缘的生态效益更高（如可以减少水土流失和有利于野生动物活动）。

（4）边缘曲折度和宽度原理：边缘的曲折度和宽度共同决定着景观中边缘生境的总量。

（5）凹陷和凸出原理：凹陷和凸出边缘的生境多样性高于平直边缘，因而其生物多样性也高（但多为边缘种）。

（6）边缘种和内部种原理：弯曲边缘增加了边缘生境，从而增加了边缘种数，但降低了斑块中内部种的数量比例。

（7）斑块与基底相互作用原理：斑块的形状越曲折，斑块与基底间的相互作用就越强。

（8）最佳斑块形状原理：最佳形状斑块具有多种生态学效益，通常与“太空船”形状相似，即具有一个近圆形的核心区、弯曲边缘和有利于物种传播的边缘指状突出。

（9）斑块形状和方位原理：斑块的长轴与物种传播的路线平行时，其再定居率较低；垂直时，其再定居率较高。

3. 有关廊道和连接度的原理

1）廊道和物种运动

（1）廊道功能的控制原理：宽度和连接度是控制廊道的生境、传导、过滤、源和汇 5 种功能的主要因素。

（2）廊道空隙影响原理：廊道内的空隙对物种运动的影响取决于空隙的长度和物种运动的空间尺度，以及廊道与空隙之间的对比度。

（3）结构与区系相似性原理：在多数情况下，只要廊道和斑块的植被结构相似就可以满足内部种在斑块间运动的需要；若能使廊道与斑块间在植物区系方面也相似，其效果会更好。

2）踏脚石（小斑块）

（1）踏脚石连接度原理：在廊道间或没有廊道的地方加设一行踏脚石可以增加景观连接度，并可以增加内部种在斑块间的运动。

（2）踏脚石间距原理：具有视力的动物在踏脚石间移动时，其有效移动距离往往由对相邻踏脚石的视觉能力来决定。

（3）踏脚石消失原理：作为踏脚石的小斑块消失后会抑制物种在斑块间的运动，从而增加斑块的隔离程度。

（4）踏脚石群原理：在大斑块间的踏脚石斑块的最佳分布格局是，所有踏脚石作为群体，形成连接生境斑块的多条相互有联系的通道。

3）道路和防风林带

（1）道路及另外的槽形廊道原理：公路、铁路、电缆线和便道通常在空间上是连续的，相对较直，常有人为干扰。因此，它们常把种群分隔为复合种群，是侵蚀、沉积、外来种入侵及人类对基底干扰的源端。

（2）风蚀及其控制原理：小风可以吹走土壤表面的养分，减少其肥力；持续大风则易引起风蚀。控制风蚀时应该减少主风向上农田的裸露面积，保护植被、犁沟和土壤结构，并重点保护易受旋风、湍流和快速气流影响的地点。

4）河流廊道

（1）河流廊道和溶解物原理：具有宽而浓密植被的河流廊道能更好地减少来自周围景观的各种溶解物污染，保证水质。

（2）河流主干道廊道宽度原理：河流主干道两旁应保持足够宽的植被带，以控制来自景观基底的分解物质，为两岸内部种提供足够的生境和通道等。

（3）河流廊道宽度原理：维持两岸高地的植被，提供内部种生境；要保证在沿同流方向上至少有非连续性（如梯状）植被覆盖，以减缓洪水影响，并为水生食物链提供有机质，为鱼类和泛滥平原稀有种提供生境。

（4）河流廊道连接度原理：河流两旁植被带的宽度和长度共同决定河流的生态学过程，不间断的河岸植被廊道能维持水温低、含氧高等水生条件，有利于某些鱼类的生存。

4. 有关镶嵌体的原理

1）网络

（1）网络连接度和环回度原理：网络连接度（即所有节点通过廊道连接的程度）和网络环回度（即环状或多选择路线出现的程度）可以表示网络的复杂程度，并可以作为对物种运动的连接度的指标。

（2）环路和多选择路线原理：在廊道网络中，环路或多选择路线可以减少廊道内空隙、干扰、捕食者和捕猎者的不利影响，从而促进动物在景观中的运动。

（3）廊道密度和网孔大小原理：随着廊道网络网孔的减小，受廊道抑制的物种（如某些内部生境种）的存活能力显著下降。

（4）连接点效应原理：自然植被廊道的交接点上常有一些内部种出现，而且其物种丰富度高于网络的其他地方。

（5）相连小斑块原理：连接在廊道网络上的小斑块或节点可能比面积相同但远离网络的斑块有较高的物种丰富度和较低的物种灭绝率。

（6）生物传播和相连小斑块原理：网络上的小斑块或节点可以为某些生物提供暂栖地或临时繁殖地，从而有利于生物在景观中传播。

2）破碎化和格局

（1）总生境和内部生境损失原理：景观破碎化会降低总的生境面积，且内部生境面积比边缘生境面积降低得更快。

（2）分形斑块原理：分形是对过渡变化的自然反应，彼此隔离的斑块常常对干扰做出相似的反应。它们虽然可能变大或变小，但相互之间的结构关系或格局保持相似。

（3）市郊化、外来种和保护区原理：在市郊化和外来种入侵的景观中，应建立严格控制外来种的缓冲区，以保护生物多样性或自然保护区。

3）尺度粗细

（1）镶嵌体粒度粗细原理：一个由粗粒度地段和细粒度地段相间组成的景

观可以为内部种、多生境种（即同时需要多种类型生境的物种，包括人类）提供最佳的生态效益及一系列的环境资源和条件。

（2）动物对破碎化尺度的感观原理：活动范围大的物种把细粒度破碎化生境视为连续生境；粗粒度破碎化生境对绝大多数动物具有不连续性（即存在生境隔离效应）。

（3）确限种（exclusive species）与广布种（cosmopolitan species）原理：细粒度生境破碎化对确限种的不利影响要比广布种更大。

（4）多生境种的镶嵌格局原理：多种生境汇合处或不同类型生境相间排列的景观有利于多生境种的存活。

这里再次强调，虽然上述各条原理在一般意义上来说是有道理的，但在具体应用中必须谨慎。首先，这些原理大多是经验积累，不可能是“放之四海而皆准”。再者，不同地区的景观有生物、生态和自然地理方面的差异，它们往往是文化、社会、经济等多种过程共同作用而产生的。

### （二）景观生态学应用的最重要领域

1. 自然保护和恢复生态学

保护生物学是一门既针对当前危机又着眼长远生态前景的，以研究生物多样性为主题的综合学科（Soule，1985；邬建国，1990；陈静等，2009；普里马克等，2014）。生物多样性不只是物种多样性、基因多样性或生态系统多样性，也不是它们的简单相加而得的总和。生物多样性保护的理论和实践都必须要明确地认识到，生物多样性是一个具有等级、时空尺度和格局特征的复杂系统概念（普里马克等，2014）。景观生态学和保护生物学互为补充，在研究内容上有许多相似和重叠的地方。例如，生物多样性、生境破碎化、斑块动态及复合种群动态在两个领域的研究中都居很重要的地位。对于某些已经遭受破坏或损伤的种群、群落、生态系统或景观来说，“保护”已经为时太晚，而必须要修复其结构，恢复其功能。恢复生态学正是为此目的而发展起来的，其使命就是为生态学系统的恢复提供科学理论基础及可行的技术实施方案（MacMahon and Jordan，1994；Cairns，1995；余作岳和彭少麟，1996；任海和彭少麟，2001；Hobbs and Norton，2004；蒲扬，2015；曹建生等，2018）。

与生物多样性保护一样，生态学系统的恢复不但要重视恢复那些能看得见的对象（如种群、群落），而且特别要求人们认识到那些看不见、摸不着的生态学过程的重要性，生态学系统中各组织层次的相互联系，以及所恢复生态学单元与其景观基质和相邻生态学系统的相互作用。一言以蔽之，格局、过程、尺度和等级的观点在这两个学科中十分重要。

景观生态学的发展为保护生物学和恢复生态学提供了新的理论基础，而保护生物学和恢复生态学又为检验景观生态学理论和方法提供了场所，而且为其发展不断提出新的目标。从景观生态学的角度来看，传统的以物种为中心的自然保护途径（自然保护的物种范式）缺乏考虑多重尺度上生物多样性的格局和过程及其相互关系，显然是片面的、不可行的。物种的保护必然要同时考虑它们所生存的生态系统和景观的多样性、完整性（邬建国，1990；邬建国和蔡兵，1992；Wu，1992；Franklin，1993；Drew and Bissonette，1997）。近些年来，景观生态学原理和方法在自然保护的研究和实践中获得广泛应用，对自然保护从“物种范式”向“景观范式”的转变起到积极的推动作用。需要强调的是，保护的景观途径并不是指把整个景观作为保护区，而是强调应用景观生态学的理论和原理设计自然保护方案。当然，这一途径必然要涉及多尺度和大尺度。

2. 生态系统管理

景观生态学的观点在生态系统管理中受到广泛重视。生态系统管理的目的是保护异质景观中的物种和自然生态系统，维持正常的生态学和进化过程，合理利用自然资源，从而保证生态系统的可持续性（Grumbine，1994）。近年来，景观生态学原理和方法在森林资源的开发和管理方面的应用更广泛和深入（Franklin and Forman，1987；陈吉泉，1996；Crow，1999；黄桐毅等，2011；肖以恒等，2017）。不少学者认为，区域景观尺度（regional landscape scale，RLS）是考虑自然资源的宏观可持续利用和对付全球气候变化带来的生态学后果的最合理尺度。其主要原因之一是，区域景观是能够反映自然生态系统和人类活动的种类、变异和空间格局特征的最小空间单位（Forman，1990）。这显然与传统的、以物种或生态系统为中心的途径有本质上的区别。在自然资源管理和利用方面，景观生态学途径越来越受重视（Pastor，1995；Christensen et al.，

1996；Wear et al.，1996；陈吉泉，1996；李团胜和刘哲民，2003；吴远翔和邵郁，2011；张定青等，2018）。

3. 土地利用规划

景观生态学的主要目的之一是理解空间结构如何影响生态学过程。土地利用规划（包括景观和城市规划与设计）强调人类与自然的协调性，而自然保护思想在这一领域日趋重要。因此，景观生态学可以为土地利用规划提供一个亟须的理论基础，并可以帮助评价和预测规划和设计可能带来的生态学后果。而景观规划和设计的实践可以用来检验景观生态学中的理论和假说。这种关系似乎像物理学与工程学之间的那种相辅相成的关系（Golley and Bellot，1991）。此外，景观生态学还为土地利用规划和设计提供了一系列方法、工具和资料。例如，景观生态学中的格局分析和空间模型方法与遥感（remote sensing，RS）技术结合，可以大大促进土地利用规划的科学性和可行性。

## 五、生态安全研究进展

### （一）研究阶段

国际上对生态安全的研究是从对“安全”定义的扩展开始，主要围绕着环境变化与安全之间的关系展开，可以按照时间的先后和研究内容分为四个阶段。

第一阶段，“安全”定义的扩展。最早将环境变化含义明确引入安全概念的学者是莱斯特·R.布朗。他在 1981 年的一本著作《建设一个持续发展的社会》（*Building A Sustainable Society*）中指出：“目前对安全的威胁来自国与国间关系的较少，而来自人与自然间关系的可能较多。”20 世纪 80 年代早期，各个机构和学者开始关注超出严格军事意义上的却影响到整个国家的安全问题。世界环境与发展委员会在 1987 年的报告《我们共同的未来》（*Our Common Future*）中明确指出：“‘安全’的定义必须扩展，超出对国家主权的政治和军事威胁，而要包括环境恶化和发展条件遭到的破坏。”（宋国宝，2006b）1989 年，Westing 扩展了全面安全的概念，指出其包括两个相互联系的内容政治安全和环境安全。“冷战”结束后，引入环境含义的讨论日渐增多，安全概念也从把环境压力作为主权国家安全的一个重要威胁，过渡为把环境变化看成是全球安全的共同问题。

第二阶段，环境变化与安全的经验性研究。20世纪90年代初期，科学家们对环境变化和安全之间的关系进行了大量的经验性研究，重点放在环境退化与暴力冲突的关系上。主要项目有环境变化和剧烈冲突项目、环境与冲突项目等。经过批评论证，人们认为，不平等、制度的缺陷和贫穷是环境变化与不安全的相关因素。

第三阶段，环境变化与安全的综合性研究。进入20世纪90年代后期，围绕环境变化与安全的相互关系，美国、英国、德国和加拿大等国及北大西洋公约组织、欧洲安全与合作组织、欧盟、联合国等国际组织开展了大量的研究和讨论，出现了一批代表性的研究报告和著述，如北大西洋公约组织的《国际背景下的环境与安全》，德国的《环境和安全：通过合作预防危机》，美国的《环境变化和安全项目报告》，加拿大的《环境、短缺和暴力》。

第四阶段，环境变化与安全内在关系的研究。随着研究的不断深入，科学家越来越关注环境变化与安全之间的内在关系，如美国哈佛大学肯尼迪管理学院贝尔弗科学与国际事务中心William C. Clark等所做的《评价全球环境风险的脆弱性》、美国国家环境保护局的环境监测和评价计划及瑞典斯德哥尔摩环境研究所（Stockholm Environment Institute，SEI）的风险和脆弱性研究计划。这些研究认为，过去对全球变化风险的科学评价大多集中在剖析发生的全球环境变化上，而很少关注这些变化可能对生态系统和社会带来的危险。Clark等的研究提出了脆弱性评价的综合框架并对制定改善和减缓脆弱性的战略提出建议。瑞典斯德哥尔摩环境研究所的研究则是对上述研究的深化，它提出脆弱性评价的有关指标、指数和关键点，建立了脆弱性研究的通用概念性方法。并且，这一阶段的研究已经深入到影响环境安全的具体因素，如全球环境变化的风险、脆弱性、全球化、人口、传染病和资源等。尤其值得注意的是，科学家已经将生态安全和人类的生计安全联系起来，考虑如何同时实现和平衡生态安全与人类生计安全。

### （二）国内外研究现状

通过多年的研究，国际上对生态安全取得的共识主要有以下几点：①与日俱增的环境压力——资源数量和质量的减少及不公正的自然资源获得——可能引发冲突并加剧环境的脆弱性，影响到社会、经济和政治。这种冲突趋向于发生在国内而不是国家之间。②由于人口的持续增加、资源消费量和污染的增多及土地利用的改变，环境压力在冲突和灾害中起着越来越重要的作用。③生态安全适应性的策略牵涉经济活动、社会结构、机构机制和组织规章，其策略有利于缓解环境变化对国家造成的影响，然而冲突和灾害破坏了环境保护与发展的成就。④生态安全不能仅停留在国家的层面上，而应在不同层面上加以考虑，大至全球，小至地方。当前生态安全的研究已经进入深层次的内在关系研究，不仅考虑外部的压力，而且注意到系统自身社会与生态上的脆弱性，强调环境压力与安全的是“共振”关系，而不是因果关系。生态安全研究已经成为当前持续性科学研究的一个重要内容，并趋于融合。尽管当前的研究已经取得了不少成果，但是这些研究过多地关注全球环境变化带来的威胁，探讨的多是在全球或国家层面上的问题，而对于地方或区域，如海岸带层面上的生态安全研究尚显薄弱，因此对一些地方或区域特别的环境压力与安全的关系有所忽略。另外，还有一些问题急需进一步的研究，如环境变化是怎样威胁人类安全的、我们如何预测将来的不安全、可以采取什么战略来应对环境变化带来的不安全、如何平衡生态安全与人类生计安全等。

国内对生态安全的研究起步于 20 世纪 90 年代，到 90 年代后期才逐渐被人们重视，尤其是近年来已经成为科学界和公众讨论的热点问题。2000 年 11 月 26 日，国务院发布了《全国生态环境保护纲要》，首次明确提出“维护国家生态环境安全”的目标，认为保障国家生态安全是生态保护的首要任务。程漱兰和陈焱（1999）对国家生态安全的概念、特点和衡量标准等做了论述，提出了实现国家生态安全的条件和机制。俞孔坚（1999）将生态安全理念引入生物保护的景观格局设计中。以洪德元院士为首席科学家的国家重点基础研究发展计划项目“长江流域生物多样性变化、可持续利用与区域生态安全的研究”，旨在进行生物入侵及其生态安全评价，提出生物多样性保护的区域生态安全格局模式，并提出保护我国生态安全的战略重点和措施。崔胜辉等（2005）指出，生态安全与可持续发展是直接相关的，主要表现在以下方面：生态安全是可持续发展的基石，是可持续发展追求的目标之一；生态安全与可持续发展具有内涵和目标的一致性；生态安全是对可持续发展概念的补充和完善。2005 年 7 月，水利部、中国科学院和中国工程院联合开展“中国水土流失与生态安全综合科学考察”，目的在于通过实地考察不同区域的水土流失及其引发的生态安全问题，客观评价我国的水土流失现状、现有防治技术路线及工程实施效果。李中才等（2010）指出，生态安全是指一个社会的资源、环境系统能够在满足经济、社会需要的同时不削弱其自然储量的状态，并以山东省长岛县为例，研究了生态状态、响应、压力之间的作用关系，绘制了生态安全指数的变化曲线，从时间（1990～2005 年）尺度上评价生态安全的现状和发展趋势，推导出生态安全状况不断得到改善的必要条件。王晓峰等（2012）系统地分析了生态安全的内涵，探讨了生态系统服务与生态安全的关系及生态安全评价的核心问题。庞雅颂和王琳（2014）研究比较了生态安全与其他相关概念（生态风险、生态系统健康、生态系统服务功能和生态承载力）之间的关系，对生态安全理论框架进行总结，分析比较了各种方法的优缺点，并展望了区域生态安全评价方法的发展方向。李昊等（2016）在剖析我国土地生态安全发展脉络的基础上，从概念、理论、研究尺度、指标体系与评价方法 5 个方面进行综述，阐明现有研究的主要规律、特点、不足及未来发展方向。侯鹏等（2017）以中国国家重点生态功能区、生物多样性保护优先区和国家级自然保护区等自然保护地为研究对象，定量分析自然保护地的时空分布特征及其对保障国家生态安全的重要作用，基于生态系统服务重要性来评估辨识国家生态安全格局构建的空间缺失，并面向国家生态安全构建和保障需求，提出生态保护管控对策建议。宋文杰等（2018）基于 1965～2015 年 5 期土地利用与土地覆盖变化（LUCC）数据，通过人为干扰度和景观脆弱度构建生态安全度，开展长时间序列、大尺度、高精度的天山北坡经济带绿洲人为干扰和生态安全变化研究。由此可见，我国对生态安全问题日益重视。

## 六、生态安全格局概念内涵

全球性的城市化进程在带来了城市经济高速发展的同时，还引发了生态环境恶化、资源消耗过大及土地资源供需矛盾等一系列问题，在世界范围内威胁人类社会可持续发展。人们开始重视区域的生态安全和城市发展的生态效益。

生态安全研究的基础是生态风险评价和生态系统管理（肖笃宁等，2002）。通过识别干扰来源，进行生态系统服务功能和健康评价，以实施主动的生态恢复和相关政策制定。从发现问题到制定相应政策，再到将针对性政策落实到具体生态系统以解决区域性生态环境问题，这个从识别、认识再到实施的过程是长期的，而生态系统破坏又在不断发展变化之中。因此，通过合理构建区域生态格局来抵御生态风险是目前区域生态环境保护研究的新需求（马克明等，2004）。生态安全格局是由景观中的某些关键元素、局部、空间位置及其联系共同构成，对维护或控制特定地段的某种生态过程具有关键意义（俞孔坚，1999）。通过对区域内的各种自然和人文要素进行布局、设计、组合，得到由点、线、面、网组成的多层次和多类别的空间配置方案，能够发挥人的主观能动作用来主动干预，促进耦合系统中各要素的优化配置，保证生态系统健康、稳定和持续的发展，最终实现区域生态安全状况的改善（刘洋等，2010；庞雅颂和王琳，2014）。

生态安全格局的理论基础涉及景观生态学、干扰生态学、保护生态学、恢复生态学、生态经济学、生态伦理学和复合生态系统理论等多个学科，其中以景观生态学为理论支撑，体现综合、整体等系统论思想。景观生态系统由相互作用的板块组成，具有高度空间异质性；各组分间有机结合，使"整体大于部分之和"；各要素之间相对独立又相互联系和相互作用，共同构成系统。尺度理论为生态安全格局构建提供适宜的测量尺度以揭示和把握本征尺度中的规律。生态安全格局的尺度性和层次性的特征使不同等级水平上的生态安全格局都是从自身尺度上的景观功能和特征出发的，并基于这一尺度的环境问题建立合理的空间配置方案，为维护各自安全和发展水平达到总体最高效率提供战略。早期，这方面的研究主要针对自然保护区和风景名胜区。随着社会经济快速发展，土地、城市、区域及重大工程等生态安全格局研究逐渐开展起来。目前，关于生态安全格局的研究包括了一系列的维度，包括国土尺度（俞孔坚等，2009c）、土地利用尺度（蒙吉军等，2012）、区域尺度（俞孔坚等，2012）、城市尺度（杨青生等，2013）、耕地尺度（赵宏波和马延吉，2014）、景观尺度（李杨帆等，2017）及自然生态尺度（侯鹏等，2017）等。国土尺度生态安全格局研究起步较早，以 1950 年逐渐兴起的以绿色廊道运动为代表（Kepe and Scoones，1999）。欧洲、新加坡等国家和地区也陆续开展绿色廊道（greenways）规划研究。之后，生态基础设施理念逐渐兴起，日益成为自然资源保护和空间规划领域广泛认可的新工具，在国内外都相继开展了相关研究。土地利用尺度生态安全格局是从保障区域土地资源生态安全出发，关注土地污染（Ahern，1995；Seppelt and Voinov，2002；Seppelt et al.，2013）、水土流失（杨子生和王云鹏，2003；牛振国等，2002）及土壤侵蚀（刘彦随和方创琳，2001；张红旗等，2003）等土地利用问题。城市尺度生态安全格局则强调城市生态安全的空间存在形式（任西锋和任素华，2009；杨青生和游细斌，2016；程鹏等，2017），城市复合生态系统中由点、线、面的城市生态用地及其空间组合构成的空间格局，对维护城市生态水平和重要生态过程起着关键性作用。自然生态尺度安全格局是针对人类开发利用活动对自然生态系统的结构与功能造成的负效应，如景观破碎化、连接度降低、生物多样性减少等具体问题，构建生态安全格局以消除自然景观的干扰和侵入。总之，无论哪一尺度上的生态安全格局的目标，都是使经济发展和环境保护在相应的安全水平上达到高效，为两者的协调提供方法基础。

## 七、生态安全格局研究内容

### （一）格局类型

生态安全格局研究涉及与城市生态相关的空间和非空间要素，包括城市绿地空间、游憩空间、水资源、防灾空间、历史文化等，因此生态安全格局的类型包括生物多样性安全格局、游憩安全格局、水安全格局等。学者俞孔坚等（2009c）、周锐等（2014）对自然生态的研究中提出了一系列的生态学问题，并在此基础上将生态安全格局分为五大类型，并针对每个主要类型进行定义。此外，一些学者提出了土地利用、耕地安全等其他类型格局。例如，李咏红等（2013）运用景观生态学理论对土壤保持的生态过程进行评价，提出土壤保持安全格局。苏泳娴等（2013）认为，过往的研究仅仅关注水、生物保护、地质灾害等因素，缺乏对保障人居安全的农田因素的关注，并提出了耕地安全格局。蒙吉军等（2014）将景观生态学理论应用于土地使用活动，分析土地利用安全格局。方淑波等（2015）提出了保障农业活动安全的农业活动安全格局。综上，生态安全格局的类型，应该根据研究区域生态问题类型和研究目的进行选择。大连市近年来的快速城镇化导致耕地、郊野绿地、城市绿化程度退化得较严重，斑块生物多样性不断降低，因此本书中的生态安全格局特指保障物种多样性安全的生态格局。

### （二）研究尺度

尺度的内涵较丰富，既可以指空间范围、分辨率，也可以指时间范围。本书不研究生态安全格局随时间导致的动态变化，因此本书所指的尺度是空间范围和随之变化的分辨率。在不同尺度下，斑块、廊道会呈现不同的表征。在大尺度下，某个斑块会呈现内部均质性特征，但在小尺度下，往往呈现的是异质性特征。例如，森林在大尺度上是均质的，但在中观层面又分为疏林草地、密林等，在更微观层面，密林又可以分为混交林、阔叶林等，因此选择合适的尺度对研究至关重要。

国内一些学者在城市和城市分区尺度下进行分析，如北京市、鄂尔多斯市、哈尔滨市阿城区、平顶山新区的生态安全格局研究。还有些学者将研究尺度扩大到城市群，如黄国和（2016）以珠江三角洲城市群作为研究范围，杨天荣等（2017）以关中城市群为研究对象。另外，也有部分学者将几十平方公里面积的风景区作为研究对象，进行相应内容的生态过程分析。

在尺度选择的理论方面，生态安全格局从宏观、中观、微观等三个尺度上分别指导城市建设的总体格局、控制性规划、修建性设计。

### （三）生态过程

生态过程是指各种生物、人类、地质、水文等运动塑造和改变地表景观面貌的活动。俞孔坚等（2001）将香山滑雪场的生态过程分为自然过程、文化过程和景观视觉过程 3 类。其中，自然过程包括地质、水文和生物对人类游憩活动安全产生干扰的运动过程，文化过程研究建设内容对地区历史遗址、文物的“风水”文化氛围的影响，景观视觉过程即建设活动对景观的可见度和视觉敏感度的影响。周锐等（2014）认为，涉及生态安全的水文活动主要是洪水流动，而地质过程则是以地质塌陷等灾害为主。

### （四）构成要素

生态安全格局是由各关键要素构成的保障生态过程安全的结构和形式，选择合适的构成要素对分析和构建有效的生态安全格局至关重要。构成要素的选择与生态安全格局的类型相关。生物保护安全格局一般包含生物栖息源地、生态缓冲区、廊道、辐射道及战略点等要素；地质安全格局一般包含地质灾害源、受灾范围缓冲区等要素；文化遗产安全格局一般包括遗产源地、文化廊道等要素。

构成要素的识别是构建格局的基础。源、汇的识别目前大多以卫星地图目测判断和实地调查的方法为主，廊道识别则是以连通度分析为主要方法。其他的一些识别源、汇的方法有：傅伯杰等（2001）认为，斑块的生物多样性与格局丰富程度、斑块面积、斑块连通度、基质异质性呈正相关关系，与人类活动干扰、边缘的不连续性呈负相关关系，因此可以通过生境评价、景观指数分析的方式间接判断源地的位置、形状和规模；李宗尧等（2007）在进行安徽沿江地区生态安全格局的构建时，将生态系统服务功能重要、生态敏感性高的连续大型自然斑块作为生态源地，将连通性高、具有生物多样性保护功能作为生态廊道的选择依据；吴健生等（2013）探讨了过去学者们识别景观源地的方法，指出通过综合指标体系评估法来选择源地的不足，并提出结合景观连通度、生物多样性和生境质量评估相结合的生态源地提取方法。

### （五）景观阻力

反映在生态安全格局中，景观面对生物运动的阻碍就是景观阻力，阻力可以反映景观表面对生态运动阻碍程度的高低。需要注意的是，阻力值反映的是不同景观之间的阻力差异及相对大小（不是绝对值），其数值仅仅区分不同景观类型阻力的大小。

在阻力值的判断方法上，目前的主流观点认为需要由指示物种确定，并根据指示物种的源地类型确定不同景观的阻力值大小。但是，上述方法适用于物种类型单一及拥有较珍稀物种的地区。如果研究区域物种类型较多，则指示物种的指示性不强。一些学者探讨了其他确定阻力值的方法。李晖等（2011）认为，如果各海拔均有源地的分布，那么就不能将高程作为确定阻力的评价因子。苏泳娴等（2013）认为，各景观类型阻力值的大小应当和各类景观与源地之间异质性程度高低呈正相关关系，异质性越强，阻力值越大。可见，景观的阻力值是由多个因素决定的，阻力的大小与景观类型、高程、坡度等影响生物运动方向和轨迹的因素均有关。

## 八、生态安全格局优化方法

生态安全格局优化方法是生态安全格局研究的核心内容，也是研究的重点和难点。国内外学者进行了大量探索，方法多样。大部分方法以借鉴与改进现有方法和模型为主，主要可以分为多准则数量优化法、空间分析技术方法、预案研究法和综合优化法 4 种。

### （一）多准则数量优化法

多准则数量优化法主要包括线性规划、非线性规划、多目标规划、动态规划、图论与网络流等经典最优化技术方法及系统动力学模型方法。通过建立目标函数和约束条件，以及多目标优化模型的求解和方案择优构建，广泛应用在土地利用结构优化中。Gabriel 和 Peyman（2006）、Sadeghi 等（2009）、杨莉等（2009）、龚建周等（2010）、严超等（2017）多位学者都对这种方法进行了土地利用结构的实证研究。在景观格局优化方面，Forman（1995）提出最具代表性的方法框架：通过分析区域的人文、自然过程的生态作用和景观格局空间关系，建立高度不可替代的景观总体布局，并以此为基础识别区域中具有关键生态价值的景观地段，如生态网络中的关键节点、人为干扰敏感点、较高生物多样性的生境类型等，并依据其特点和类型确定生态优化目标和景观格局空间配置和属性的调整。我国学者俞孔坚（1999）在此基础上也提出了一套方法框架：通过阻力面模型来确定一些关键性的点、线、局部（面）等关键性地段，再设定生态过程的一系列阈限和安全层次，提出维护与控制生态过程的关键性时空量序格局，以达到生物保护和生态恢复的目标。这些研究都有很好的借鉴和启发意义。但是，多准则数量优化是从数量结构角度出发，令其使用受到一定的限制。

### （二）空间分析技术方法

空间分析技术方法正好弥补了多准则数量优化法的不足，实现了空间数据和非空间数据的一体化处理，既能提高优化方案的可操作性，又在空间可视化表达方面更有优势，是生态安全格局构建的主要趋势之一。常见的方法有景观格局优化模型和元胞自动机。

景观格局优化模型是运用生态学理论，对景观中的关键的点、线、面或其空间组合进行设计，保护和恢复生物多样性，维持生态系统结构和过程的完整性，实现对区域生态环境的有效控制和持续改善（马克明等，2004），如 Haber（1990）的土地利用分异战略和 Forman（1995）提出的最优景观格局思想。关文彬等（2003）在研究中提出了生态恢复与重建的重要性，并指出区域生态安全格局必须注重恢复和重建工作，只有这样才能提升景观的多样化水平。王伟霞等（2009）构建了生态源区和生态廊道组成的生态空间安全格局。俞孔坚等（2009b）以源斑块识别为基础，形成多个单一生态过程的安全格局，以此构建综合生态安全格局。潘星等（2016）依托先进的 RS 监测调查技术和 GIS 空间分析技术，以国家重点生态功能区县中的四川省宝兴县为例，建立生态功能区划生态环境敏感性分析指标体系，开展生态环境敏感性分析，利用景观格局空间分析生态环境主导功能，根据生态环境相似性和差异性划分县域生态功能区划，形成了适合国家重点生态区县的生态功能区划分方案。陆禹等（2018）以海口美兰区为研究区，利用粒度反推法和主成分分析，从增强整体连通性的角度出发，实现了生态源地的客观选取，并结合最小累积阻力模型构建了生态网络，采用空间网络分析和水文分析，重点探讨了生态节点规模、形状和组成形式的计算。

空间分析技术方法应用广泛，大多应用在土地利用格局优化问题上，如结合 GIS 和元胞自动机模型（CA 模型）进行土地可持续利用规划（刘小平等，2007）。Mathey（2008）通过整合时间和空间目标，探索协同演化 CA 模型。徐柏琪（2015）分析了传统土地利用格局变化驱动力研究的局限性，提出了土地利用变化驱动力空间分析方法的创新性，并阐述了这种基于空间分析方法的驱动力研究在未来景观格局、景观安全及土地利用评价等方面的应用。郎文婧等（2017）运用空间分析及模型仿真对徐州市区进行土地利用格局分析及其空间扩张模拟预测，预测结果可以为未来土地资源的合理利用及政府决策提供科学依据。

由于区域的生态问题多样化，不同地区的自然生态过程都存在差异，难以归为统一的规则。因此，景观格局优化更适合在较小尺度上进行。而元胞自动机模拟精确率取决于其对参数和转换规则的设定，难以反映影响区域生态安全格局的社会、经济等宏观因素，需要在模型使用过程中充分重视微观自组织与宏观影响因素的有效结合。

### （三）预案研究法

预案研究法又名情景分析法，主要是对未来各种可能性进行提前预判并寻求实现途径。预案研究的目的不是回答“将会发生什么”，而是考虑“如果这样，将会怎样”（黎晓亚等，2004）。未来景观格局的变化充满复杂性和不确定性，预案研究有利于应对不同社会经济政策、区域发展情势时做出合理的选择与决策。这一方法基于现状分析，了解过去，预期未来可能发生的目标事件，既能为决策提供一个决策框架（Wack and Horioitz，1985），也能为土地使用者提供一个行动限制的框架（Palang et al.，2000）。Roetter（2005）等采用该方法进行区域土地利用情景变化分析。俞孔坚等（2009a）认为，对北京的生态安全格局分析需要注重城镇化的发展，并根据城镇化的发展水平将生态安全格局划分为几种状态。李玮等（2010）等基于情景分析法，预测了 2010 年和 2020 年主要污染物的排放情况。张丁轩等（2013）设定了趋势发展情景、耕地保护情景、生态安全情景 3 种情景方案，并对其进行土地利用变化情况的对比与分析。欧定华等（2015）指出，预案研究这一方法解决了传统决策结果单一的不足，能为决策者提供多种备选方案，迎合了区域生态安全格局的针对性、区域性的特点。齐笑等（2018）选择城镇化过程特征突出的深圳市为研究对象，获取 1980～2015 年六期陆地卫星（Landsat）RS 数据进行土地利用景观格局变化分析，结合元胞自动机-马尔科夫链（CA-Markov）模型和逻辑斯蒂（Logistic）回归进行土地利用变化模拟，并预测了深圳市 2020 年 3 种不同情景下的土地利用空间格局。

### （四）综合优化法

综合优化法是将不同模型有机结合，综合各模型优点形成最优方法。这种模型能够弥补单一模型在某些环节上的不足，既能满足数量结构的优化，又能实现空间格局优化，主要有由系统动力学（system dynamics，SD）模型与元胞自动机（cellular automata，CA）模型耦合而成的土地利用情景变化动力学（land use scenario dynamics，LUSD）模型（何春阳等，2004），由灰色预测模型、多目标决策模型、CA 模型及 GIS 技术集成的土地利用变化预测模型（GCMG）（邱炳文和陈崇成，2008），通过耦合 GIS 技术、CA 模型和 GA 遗传算法构建的城市土地利用优化（ULOM）模型（徐昔保等，2009）、景观生态模型（Voinov et al.，2007）、景观空间分异模型（Seppelt and Voinov，2002）等。从模型实践来看，其大多应用于土地利用或景观变化方面，模型构建都是针对研究区的特定问题将多学科方法进行融合，具有优势性的同时也存在局限性。该方法的普适性需要更多的方法来实践验证。

总体上看，多准则数量优化法应用广泛，但侧重于数量结构优化，在空间格局优化和可视化表达方面存在一定不足；空间分析技术方法能够从时空动态分析景观过程，方法精确度受限于转换规则设定和空间尺度选择，考虑因素较为单一；预案研究法能够呈现多样的预测结果，可以通过对比来分析差异，但需要结合其他定量方法使用；综合优化法能够克服不同方法的局限性，针对特定区域问题设计综合模型以发挥模型的最优效果，但模型的广泛应用还需要更多的实践验证。

## 九、生态安全格局方法框架

现阶段，国内的生态安全格局构建大多以生态基础设施网络识别与设计为目的，基本采用俞孔坚等学者提出的三步骤的方法框架（俞孔坚等，2009b）。一是确定源。通过城市生态过程与功能的分析，明确城市最突出的生态问题，确定区域内具有生态促进作用和生态系统维持稳定作用的核心斑块（即源斑块）。例如，将生物的核心栖息地作为生物多样性过程的源，将水源林聚集的核心区作为城市水文过程的源，将公园和风景名胜区的核心区作为游憩活动的源。二是以核心斑块为起点，判断其向外发展的空间阻力关系。三是根据阻力关系形成综合阻力面来构建安全格局。虽然所采用的方法框架基本相似，但有不少学者从源斑块和阻力因子的属性、内涵等角度对其识别和选取进行了深入的探索，提出了不少源斑块识别（吴健生等，2013；朱恒槺等，2016）、空间阻力因子选取（曾振等，2014）的方法体系，提高了生态安全格局构建的科学性与精确性。在确定源的方法上，一类学者利用多源数据直接识别的方法，从可以获取的数据中将符合一定面积标准的湿地、水库、主要河流、生态保护区和自然保护区或风景名胜区的核心区直接提取出来作为生态源地。这类识别方法的准确性依赖于可获取数据的精确性。另一类学者则尝试建立综合指标体系来评估区域内斑块重要性从而确定生态源地。在阻力关系判别方法上，一般采用综合指标体系，也有学者尝试直接采用生态服务价值或生态足迹等作为阻力系数。无论采用何种方法来确定源和阻力关系，最终都是为了形成不同等级的生态安全格局。

对生态安全格局构建方法体系研究主要分为三类。第一类研究是以最常使用的生态安全格局评价方法，源自麦克哈格（McHarg）的人类生态规划理论与方法，即适宜性分析与评价（McHarg，1969）。通过分析区域生态问题，选取对生态安全具有关键意义的单一生态过程，如地质灾害、游憩、生物保护等，以最小路径方法进行单一生态安全格局构建，然后基于 GIS 空间叠置分析得到综合生态安全格局。这种方法强调景观中不同生态因子之间的垂直过程和联系。第二类研究以斑块—廊道—基质模式或格局—过程—功能等景观生态学原理为基础，采用最小路径方法、GIA 分析等定量方法进行生态源斑块和生态廊道识别来构建生态安全格局（刘吉平等，2009；李咏华，2011）。这类方法反映了景观格局和水平生态过程，为生态网络构建、生态源地确定等问题提供了新的规划理念和技术方法。第三类研究以多因子的生态环境敏感性评价、生态服务价值等作为区域发展的约束因素，基础设施完善程度、交通便捷度等社会经济因子作为发展因素（王伟霞等，2009；李宗尧等，2007），采用约束—潜力、最小费用阻力等模型来构建生态安全格局。目前，生态安全格局构建已经在我国不同尺度、不同区域内进行了大量的实证研究（俞孔坚等，2009b），为协调区域的经济发展与生态保护、实现精明增长与精明保护的有机统一提供了新的途径和可操作性框架，也为空间用地布局与空间管制措施的制定提供了重要的科学依据（尹海伟等，2003）。

## 十、生态安全格局的应用

生态安全格局研究在城乡规划、景观规划、国土规划和生态经济学等不同领域都有应用，其中城乡规划是生态安全格局研究中最重要的领域。部分学者将生态安全格局应用于划定城市增长边缘之中。例如，俞孔坚（2009a）将生态安全格局分析应用于北京市城市增长空间预测，依据生态安全格局分析，划分不同用地的安全水平，并基于不同的安全水平预测未来城市空间增长边缘和空间格局。此外，一些研究者将生态安全格局作为国土规划决策的参考内容，其中包括耕地、林地、草地、建设用地的规模调整和利用策略。生态安全格局研究还可以作为农村土地整治和布局优化的依据，基于不同生态安全等级确定村庄的建设模式。还有部分学者关注生态安全格局构建对生物保护的作用，通过主动干预地建设生态廊道来提高生态稳定性。

## 第二节　生态功能区划与生态保护红线

### 一、生态功能区划的概念和基本原则

用生态学的理论和方法，根据对生态环境特征、生态环境敏感性和生态服务功能在不同地域的差异性和相似性的归纳分析，将区域空间划分为不同生态功能区的过程，称为生态功能区划。其目的是通过对分区的特征分析，掌握不同区域的生态系统类型和主导生态功能及其对区域社会经济发展的贡献。生态功能区划对引导区域资源的合理利用与开发，充分发挥区域生态环境优势，并将生态优势转化为经济优势，提高生态经济效益，实现区域经济、社会、资源与生态环境的全面可持续发展，具有重要作用。

生态功能区划着重于区分生态系统或区域为人类社会的服务功能，以满足人类需求的有效性为区划标志。生态功能区划遵循以下原则。

#### （一）可持续发展原则

生态功能区划应考虑城镇远期发展与生态潜在功能的开发，统筹兼顾、综合部署，增强社会经济发展的生态环境支撑力，促进地区可持续发展。地方经济的发展是实现生态保护目标的根本保证。为此，功能分区应充分体现地方社会经济发展的需求，考虑到小城镇的长远规划及潜在功能的开发，同时注意它

的环境承载力，尽量提高生态环境功能级别，使其环境质量不断得到改善。在区划中，要给城镇发展、经济建设留有足够的土地和空间，并保证充分利用交通条件、物质条件等。另外，在区划中应合理利用资源和环境容量，避免由于工业布局不合理使污染源分布不均，致使有限的环境容量一方面在某个地区处于超负荷状态，另一方面在其他地区又得不到合理利用而造成环境危害。

### （二）以人为本、与自然和谐的原则

生态功能区划应把人居环境和自然生态保护放在首要位置，坚持以人为本、与自然和谐的原则。在生态功能区划中，既要避免各类经济活动对居民造成的不良影响及工业、生活污染对居民身体健康的威胁，也要保证工业区、商业区与居住区的适当联系及居民娱乐、休闲等生活需求。

### （三）突出主导功能与兼顾其他功能结合的原则

自然资源的多样性和自然环境的复杂性使不同区域具有不同功能，甚至同一区域具有几种不同的生态系统服务功能。为此，生态功能的区划应遵循突出主导功能与兼顾其他功能相结合的原则。根据景观生态学异质共生原理，异质是共生的必要条件，异质性是生态系统进化的基础和发展的动力，反映在生态功能上就是要多种功能并存。在大的生态功能区内，其主体功能应该是明确的，各个生态小区的生态功能，应该服从于主体功能，但不是盲目求同。

### （四）功能合理组合与功能类型划分相结合的原则

在将功能合理地段组合成为完整区域的同时，结合考虑生态系统服务功能类型，既要照顾不同地段的差异性，又要兼顾各地段间的连接性和相对一致性。

### （五）生态功能相似性和环境容量的原则

生态功能区划应考虑生态功能相似性原则，同时也应考虑环境容量的原则，避免因盲目的资源开发而造成生态环境的破坏。

### （六）坚持科学性与灵活性相结合的原则

在生态功能区划中，必须以科学的态度严格按照区划方法来进行，并且对不同性质的区划问题采用相应的解决方法和手段。这样才能为生态功能分区及其环境目标的确定等后序工作提供可靠的依据，从而更好地开展经济和环境保护工作。

### （七）一致性原则

各分区在基本满足生态环境特点、功能及开发利用方式上具有相对一致性的条件下，保持相对的集中和空间连片，既有利于分区整体功能的挥发，也便于城镇体系进一步宏观建设和产业布局的规划、调整与管理。另外，还要考虑城市化进程对环境保护的影响，尽量减少环境保护与城市化进程的冲突或出入，这样有利于区域内经济发展方向、产业合理布局、环境管理、环境保护对策实施等方面的统筹规划和统一领导。

### （八）区划指标选择应强调可操作性的原则

区划的指标应具有简明、准确、通俗的特性，应在同类型地区中寻求具有可比意义并具有普遍代表性的指标。同时，应尽量采用国家统计部门规定的数据，以利于今后加强信息交流和扩大应用领域。

### （九）生态功能的相似性和生态环境的差异性原则

景观区域的划分必须反映出不同区域生态功能的差异性并保证各分区单元的生态环境条件的一致性，从而有助于针对具体情况因地制宜地开展环境管理工作。同时，生态功能区划应该考虑土地利用的现状。

### （十）应用于管理、便于管理的原则

生态区域的划分和生态环境保护的规划，归根结底是为生态保护与环境管理服务的，所以在确定生态功能区划时，除了要考虑生态系统的特点外，同时要考虑与现行的行政区划、社会经济属性相关联。确定功能区划边缘时要尽量与行政区划界线接轨，以便于环境保护和管理。

### （十一）遵循区划的一般原则

区划单位是一个有机整体，有着明显特点和明确边缘，具有不重复性。不同层次的区划单元相互构成统一的环境系统。

## 二、生态功能区划的内容

### （一）生态环境现状评价

生态环境现状评价是在区域生态环境现状调查的基础上分析区域生态环

境特征与空间分异规律，评价主要生态环境问题的现状与演变趋势。评价内容包括区域自然环境要素（地质、地貌、气候、水文、土壤、植被等）特征及其空间分异规律，区域社会经济发展状况（人口、经济发展、产业布局、城镇发展与分布等）及其对生态环境的影响，区域生态系统类型、结构与过程及其空间分布特征，区域主要生态环境问题、成因及其分布特征。其中，区域生态系统类型、结构与过程及其空间分布特征，区域主要生态环境问题、成因及其分布特征是现状评价的重点。

### （二）生态承载力评价

生态承载力是衡量一个地区发展潜力的重要指标。不同的生态区域由于资源与生产潜力的不同，其生态承载能力也存在着很大的差异。任何生态区域的生态承载能力都有一定的限度。因此，在进行生态区划时必须对各个区域的生态承载能力进行准确的评估，从而指导区域宏观经济的发展。随着人口的大量增长和经济的飞速发展，人们对水资源的需求程度不断地增加，水资源紧缺问题已经成为当前人类面临的重要挑战之一；就某一特定区域而言，必须保证有维持生态系统良性循环的基本水量。“水资源承载力”即指某一区域在特定历史阶段和社会经济发展水平条件下以维护生态良性循环和可持续发展为前提，当地水资源系统可以支撑的社会经济活动规模和具有一定生活水平的人口数量。作为区域合理布局可持续发展研究和社会、经济、人口合理布局的研究，水资源承载力评价是一个重要标准。

### （三）生态环境敏感性评价

生态环境敏感性是指生态系统对区域中各种自然和人类活动干扰的敏感程度，它反映的是区域生态系统在遇到干扰时，发生生态环境问题的难易程度和可能性的大小。也就是在同样的干扰强度或外力作用下，各类生态系统产生生态环境问题的可能性的大小。生态环境敏感性评价是根据区域主要生态环境问题及其形成机制，通过分析影响各主要生态环境问题敏感性的主导因素，评价特定生态环境问题敏感性及其空间分布特征，然后对区域主要生态环境问题的敏感性进行综合评价，明确特定生态环境问题可能发生的地区范围、可能程度及区域生态环境敏感性的总体区域分异规律，为生态功能区的划分提供依据。

根据我国的主要生态环境问题，生态环境敏感性评价内容包括土壤侵蚀敏感性评价、沙漠化敏感性评价、石漠化敏感性评价、土壤盐渍化敏感性评价、生境敏感性评价、酸雨敏感性评价、水环境污染敏感性评价、地质灾害敏感性评价等。我国的生态环境问题具有明显的区域差异特征，不同地区应根据各自面临的主要生态环境问题进行区域生态环境敏感性评价。

### （四）区域生态系统服务功能重要性评价

区域生态系统服务功能重要性评价，是针对区域典型生态系统类型及其空间分布的特点，评价区域内不同地区生态系统提供各项生态系统服务功能的能力及其对区域社会经济发展的作用与重要性，明确每一项生态系统服务功能重要性的空间分布特征及各项生态系统服务功能重要性的总体区域分异规律，为划分生态功能区提供依据。

陆域生态系统服务功能重要性评价内容包括生物多样性维持与保护、水源涵养、洪水调蓄、水土保持、沙漠化控制、营养物质保持、自然与人文景观保护、生态系统产品提供等服务功能重要性评价。海岸带生态系统服务功能重要性评价内容包括生物多样性维持与保护、海岸带防护、自然与人文景观保护、提供海港和运输通道、生态系统产品提供等服务功能重要性评价。不同区域应根据本区生态系统的特点，选择相应的生态系统服务功能进行重要性评价。

## 三、生态功能区划的方法

目前，生态功能区划的主要方法包括地理相关法、空间叠置法、主导标志法、景观分类法及定量分析法等。

### （一）地理相关法

运用各种专业地图、文献资料和统计资料对区域各种生态要素之间的关系进行相关分析后进行区划。该方法要求将所选定的各种资料、图件等统一标注或转绘在具有坐标网格的工作底图上，然后进行相关分析，按相关紧密程度编制综合性的生态要素组合图，并在此基础上进行不同等级的区域划分或合并。

### （二）空间叠置法

以各个区划要素或各个部门的综合区划，包括水文地质区划、地形地貌区划、土壤区划、植被区划、水土流失区划、地震灾害区划、综合自然区划、生态敏感性区划、生态系统服务功能区划等图件为基础，通过空间叠置，以相重合的界限或平均位置作为新区划的界限。在实际应用中，该方法多与地理相关法结合使用。随着 GIS 技术的发展，空间叠置法得到越来越广泛的应用。

### （三）主导标志法

主导标志法是在生态功能区划时，通过综合分析，确定并选取反映生态环境功能地域分异的主导因素的标志或指标，将其作为划分区域界限的依据。同一等级的区域单位按照这个主导标志或指标划分。用主导标志或指标划分区界时，还需用其他生态要素和指标对区界进行必要的订正。

### （四）景观分类法

应用景观生态学的原理，编制景观类型图，在此基础上按照景观类型的空间分布及其组合，在不同尺度上划分景观区域。不同的景观区域其生态要素的组合、生态过程及人类干扰是有差别的，因而反映着不同的生态环境特征。景观既是一个类型，又是最小的分区单元。以景观图为基础，按一定的原则逐级合并，可以进行生态功能区划。

### （五）定量分析法

针对以定性为主的专家集成法在生态功能区划中存在的一些主观性、不够精确等缺陷，近年来数学分析的方法和手段逐步被引入到生态功能区划中，包括主成分分析、聚类分析、相关分析、对应分析、逐步判别分析等一系列方法均在区划工作中得到广泛应用。

## 四、生态保护红线研究现状

### （一）国外相关研究

国际上虽然没有生态保护红线的概念，但其保护区、绿道、生态网络、绿色基础设施及系统保护规划中均有类似或相关的内容可供借鉴。保护区是指保护濒危或特殊物种、维护生态系统稳定的重要生态功能区域。世界自然保护联盟将保护区分为国家公园、自然纪念物保护区、资源管理保护区、严格自然保护区/荒野地保护区、生境和物种管理保护区、陆地和海洋景观保护区六类。

Willis 等（2012）开发了一种绘制生态重要景观超出保护区范围的方法，该方法用来确定哪些景观超出了保护区对于它们所支持的生态过程及它们所包含的受威胁和脆弱物种的重要性。该方法提供了一个预先规划工具，用于在进行更昂贵的现场环境影响评估之前的使用，并快速突出显示具有高生态价值的区域，以避免不必要设施的落地。Dietz 等（2015）研究了世界上最大的高度保护性保护网络——美国国家荒野保护系统（national wilderness preservation system，NWPS）。他们指出，随着新荒野地区的指定变得更加困难，增加这些地区的生态代表性以实现对生物多样性的更大保护变得非常重要；建议联邦土地管理机构和美国国会在未来 50 年可以通过在新的荒野立法中优先考虑代表性不足的生态系统来增加荒野地区的生态多样性。Asaad 等（2017）从一系列生态和生物标准中，选择栖息地覆盖、物种发生、物种丰富度、物种的地理范围和种群丰富度等标准指标，确定具有高度生物多样性重要性的地区，从而支持实现《联合国生物多样性公约》（*United Nations Convention on Biological Diversity*）的目标，填补全球覆盖范围内代表性保护区的空白。保护区的保护核心和范围识别是保护特殊物种与重要生态系统功能区域不受破坏，其实质和做法与生态保护红线内涵及划定思路一致。生态网络则出现在欧美地区的土地规划中，以保护生态系统完整性和生物多样性为目的，有粗放和精细的多功能网络模式，其中不同功能网络中的土地利用有不同限制。其目的是将网络元素空间化，不仅将其意义扩展到生物特征，而且还扩展到景观规划和管理。网络中心节点（核心区和缓冲区）是根据指令栖息地密度较高的地区确定的。这些区域使用主导标志法来确定。该方法估计整个地区的密度分布，从而在空间中的所有点上获得累积密度表面。生态网络构建与基于生态服务重要性评估的生态保护红线划定思想和保护目的一致。生态网络的分级管理和落地管理职责与生态保护红线落地管控相同。

生态网络构建最典型的方式是绿道，强调自然资源与人文资源的连接，这与生态保护红线划定时与现状规划的衔接思路相同；Larson 等（2011）通过检查美国两个城市的绿道相关收益来探讨公众对城市生态系统（ES）的看法；采取供应方式评估居民对绿道的态度，并利用这些态度来预测对绿道的支持做法，这与生态保护红线划定后公众参与保护形式一致。在绿道建立方面，Jo 和 Ahn（2009）分析了天然河岸森林的结构，探索了适用于建立河岸绿道的规划模型；规划模型包括树种种类选择和组成、密度和距离、土壤属性，以及沿岸绿道的最小宽度。这些模式强调高度多样化的生态种植，以增强河岸绿道的多种功能，并通过直接树木种植而不是自然继承来早期建立原生景观。绿色基础设施是 20 世纪 90 年代末美国提出的，是由一系列生态要素组成的自然生命保障系统，强调生态系统服务支撑和自然保育，对国土生态安全的保护具有重要的作用。主要由自然用地构成的生态网络系统，对自然要素、过程的保护和人类生活质量提升均有重要贡献。进入 21 世纪，Margules 和 Pressey（2000）等提出“系统保护规划”，目的在于保护关键的自然系统，以减缓生物多样性的丧失。系统保护规划方法是基于模拟运算模型，量化保护目标，综合考虑保护体系连通性、人为干扰因素，使用优化算法计算，从而设立优先保护区；通过最大限度地保障区域内主要的生态过程和功能，合理地整合、优化各类生态保护地，分析现有保护的缺陷，识别需要重点保护的对象，从而保障区域的生态安全。国外各生态保护体系和类型虽然形式不同，但其核心目的在于从多种生态系统服务功能角度保护生态系统的完整性。目前，以系统保护规划和绿色基础设施最典型。

### （二）国内相关研究

生态保护红线划定是 2011 年国家在生态安全形势日益严峻的情况下提出来的一项重大战略任务，即在重要生态功能区、陆地和海洋生态环境敏感区、脆弱区等区域划定生态保护红线。在此之前，《吉安县生态环境功能区规划》、《珠江三角洲环境保护规划纲要（2004—2020 年）》、《深圳市基本生态控制线管理规定》和《北京市限建区规划（2006 年—2020 年）》是生态保护红线早期的雏形。

1. 生态保护红线概念方面

不同学者对生态保护红线的概念和内涵尚有不同的认识和解释。例如，俞孔坚等（2009b）提出了最小生态用地，该含义与生态保护红线含义类似，指的是维护生态系统服务的最关键、最高效、不可替代的生态系统或土地单元。类同于基本农田为基本生态用地中不可代替的最低生态保护底线，是一些占地虽小却具有关键生态系统功能的区域和空间。李干杰（2014）认为，生态保护红线是包括生态功能红线、资源利用上线和环境质量底线的生态环境安全底线。高吉喜（2014）则认为，生态保护红线是保障重要生态功能区、生态环境敏感区、脆弱区生态系统服务功能可持续的重要空间，是国家和区域生态安全的需要。郑华和欧阳志云（2014）认为，生态保护红线是在维护区域和国家生态安全和社会经济可持续过程中必须保护的最小空间。林勇等（2016）认为，生态保护红线是保障生态系统完整和连通的特殊保护范围，是维护国家和区域可持续的管理体系，具有空间不可代替性。张箫等（2017）认为，生态保护红线是底线，是维护国家生态安全所必需的最小面积，必须保护。2017 年 2 月，中共中央办公厅、国务院办公厅印发《关于划定并严守生态保护红线的若干意见》中定义："生态保护红线是指在生态空间范围内具有特殊重要生态功能、必须强制性严格保护的区域，是保障和维护国家生态安全的底线和生命线。"同年 5 月，环境保护部办公厅和国家发展和改革委员会办公厅印发的《生态保护红线划定指南》中对生态保护红线定义是："指在生态空间范围内具有特殊重要生态功能、必须强制性严格保护的区域，是保障和维护国家生态安全的底线和生命线，通常包括具有重要水源涵养、生物多样性维护、水土保持、防风固沙、海岸生态稳定等功能的生态功能重要区域，以及水土流失、土地沙化、石漠化、盐渍化等生态环境敏感脆弱区域。"

2. 生态保护红线类型方面

《江苏省生态红线区域保护规划》划定了 15 类保护区，主要包括饮用水水源保护区、地质遗迹保护区、森林公园、重要湿地、重要水源涵养区、清水通道维护区、湿地公园、海洋特别保护区、洪水调蓄区、风景名胜区、太湖重要保护区、重要渔业水域、生态公益林、特殊物种保护区、自然保护区。刘晟呈（2009）在城市生态保护红线的划定过程中运用土地分类法，构建新的生态用地分类体系，进而划定生态保护红线。许研等（2010）构建了生态功能重要性、环境灾害危险性和生态环境敏感性 3 个方面的综合指标，划分了渤海 3 种类型的红线保护区。马世发等（2010）发现，在省级尺度红线划定中，生态保护红线类型主要分为生物多样性、洪水调蓄、水土流失、水源涵养。李建龙等（2010）在城市生态保护红线划分中涉及了生态灾害危险性、生态重要性和脆弱性 3 种类型。王春叶（2016）基于遥感影像，从禁止开发区、生态环境敏感性、生态功能重要性及环境灾害危险性 4 个方面建立杭州湾生态保护划分体系。吕红迪等（2014）认为，城市生态保护红线应该分为生态环境分级控制线、水环境分级控制线、大气环境分级控制线。邹长新等（2015）论述了生态保护红线类型和管控要求，建立了禁止开发区保护红线、重点生态功能区保护红线、生态敏感区/脆弱区保护红线 3 类生态保护红线的类型体系。侯春飞等（2016）以深圳市大鹏新区为例，尝试划定环境质量红线、生态功能保障红线和资源利用 3 种不同类型的生态保护红线。孟勤宪等（2017）用 Visual Modflow（地下水模拟软件）数值模拟方法模拟地下水渗流场，划定地下水饮用水源地生态保护红线。

## 五、生态保护红线的划分方法

不同类型的生态保护红线采用不同方法手段进行划分。何亚娟等（2008）基于土地利用现状分类进行“三生用地”划分，然后在生活用地扩张界限预测、生产用地预测模拟、生态敏感性分析基础上综合划定了内蒙古伊金霍洛旗生态保护红线。周梦甜等（2015）利用 CLUE-S 模型对生态保护红线划定后的土地利用变化情况进行情景模拟。结果显示，生态保护红线的划定对区域生态系统服务价值提高有促进作用。王春叶（2016）结合 GIS 技术对杭州湾生态红线（Hangzhou Bay ecological red line，HBERL）区划进行多指标决策分析（multiple criteria decision analysis，MCDA）；根据两级目标，采用层次分析法（analytic hierarchy process，AHP）对生态功能重要性、生态环境敏感性和环境灾害风险进行评估；然后，在 3 种情况下叠加 3 幅地图以获得生态保护红线区域。张殷波和马克平（2008）选择珍稀濒危的保护植物作为红线保护植物，识别这些重要物种分布的重要县区，结合自然保护区就地保护情况，划分重要生物物种保护的红线区域。董高鸣和郭春荣（2015）在鄂尔多斯能源开发区采用综合评价法、多因子加权法、德尔菲法进行生态敏感性、生态价值重要性及土地利用与规划功能分区评价，综合4部分叠加结果划分出红线区、黄线区和绿线区3类。杨世凡和安裕伦（2014）通过水土流失、石漠化敏感评估及水源涵养和水土保持与生物多样性评价保护，采用自然断点法、分位数分级法进行生态保护红线的划分，同时增加了白酒生产禁止开发区、国酒特殊水源保护区，突出了水源保护的特色。杨士弘和黄伟（1992）以海南岛为例，采用定性判别的方法划分了海洋生态功能重要区和海洋生态敏感区，并提出了两级管控思路。Lu Zhang等（2017）通过整合各种数据来源、调查和信息，根据拉姆萨尔湿地公约，在中国确定了一套具有水鸟保护意义的规章制度，证实了将它们纳入生态保护红线以保护水鸟栖息地的重要性和紧迫性。徐德琳（2015）选择用生态保护红线区作为生态源地构建涵盖人居环境安全、重要生态功能保护、生物多样性维护的生态安全构建体系。蒋大林等（2015）从生态保护红线划定理论基础、指标体系的地域性特点作了系统分析，并提出了红线划定的5点关键技术问题。Wang等（2015）根据具体的自然和环境特征来识别生态保护红线，通过评估中国辽宁省海洋和陆地生态系统的生态重要性和环境压力，确定中国沿海地区的生态保护红线，有助于区分未来不同地区的经济发展和生态保护方向或潜力。杨小艳等（2017）根据生态因子耐受度划定了土地利用规划中的生态保护红线。Zhang等（2018）采用单因子评价和综合评价方法，建立了评价水质状况的指标体系，评估了七里海湿地的水质状况，并根据生态保护红线政策确定了污染源和潜在改善措施，以改善和保护七里海湿地水域。

阈值设定决定红线的面积占比，《江苏省生态保护红线区域保护规划》中确定陆域生态红线区域面积占全省面积的22.23%。《珠江三角洲环境保护规划纲要（2004—2020年）》中严格保护区占比为12.13%。《关于建立渤海海洋生态红线制度的若干意见》指出，渤海总体自然岸线保有率不低于30%，海洋生态红线区面积占渤海近岸海域面积的比例不低于1/3。2018年，国务院批准的京津冀3个省（市）、长江经济带11个省（市）和宁夏回族自治区生态保护红线划定方案，平均占省域比例的25%左右，其中291个国家重点生态功能区县域的生态保护红线面积平均占比超过40%。已经尝试划定生态保护红线的区域主要分布于东南沿海或处于江河下游区，其水资源相对丰沛或具有较好的调水条件。而北方农牧交错带的生态保护红线阈值设定应充分考虑了区域水资源的需求，以较大的水源涵养空间来换取水资源的保障。目前，国内关于农牧交错带的生态保护红线阈值设定未能充分将水资源需求联系起来，而生态系统服务的供受理论为农牧交错带水源涵养功能重要空间的识别提供了阈值设定的新思路。例如，李双成和蔡运龙（2002）认为，生态系统服务空间异质性和区域差异性源于自然地理要素的地域分异，生态系统服务的供给与消费在空间上常表现为不重合或不一致。白杨等（2017）构建生态系统服务供给率和供需比指标，研究人类需求、生态系统的实际供给和潜在供给，研究结果较好地呈现了流域生态系统服务供给平衡的空间分布。年蔚等（2017）基于供—受生态域理论，结合经济发展水平和人口密度因子对京津冀地区固碳释氧生态服务供—受关系进行了分析，得出京津冀固碳释氧净价值量空间平衡分布图。邓妹凤（2016）在 3 期土地利用数据基础上运用功能当量分析了榆林市生态系统服务供需平衡关系。王雪超等（2017）通过生态系统服务供给和消耗，评估分析了密云县 1998～2013 年生态系统服务的平衡和盈余状况。

## 六、生态保护红线的管控

张文国和杨志峰（2002）系统梳理了《关于划定并严守生态保护红线的若干意见》从科学划定到落地管控的 8 个要点。高吉喜（2015）从我国生态保护红线的提出、如何划定、如何管控等方面系统阐释了我们国家在生态保护红线构建国家生态安全格局中的探索。陈海嵩（2014）从生态保护红线的法定解释、生态保护红线在中央层面的落实、生态保护红线在地方层面的落实三个方面阐述了中央和地方各级政府在生态保护红线立法及规范性文件上的一些创新工作，并提出提高生态保护红线立法的法律效力与法律位阶。吴真和闫明豪（2014）从生态保护红线与自然保护区立法之间的关系，研究设计自然保护区生态保护红线法规制度建设。《江苏省生态红线区域保护规划》中对 15 类生态保护红线区实行严禁一切形式的开发建设活动和严禁有损主导生态功能的开发建设活动的分级管控方案。刘冬等（2015）将国外生态保护的研究发展、管理经验进行了梳理总结，提出我国在红线划定和管理的 5 个方面启示：科学整合已有保护区、合理确定适宜红线区面积、建立统一管理系统、实行差异化管控制度、构建完备的法律保障体系。

# 第三节　生态城市理论

## 一、生态城市的起源

生态城市的英文由 ecology（生态学）和 city（城市）组合而成，即 ecocity，意为一个生态文明的城市。生态城市是在乌托邦（Utopia）、田园城市、卫星城市之上提出的思想、理论和实践，是人类理想的聚居模式。

### （一）乌托邦的设想

近代工业革命在加速城市化进程的同时，也给城市带来了各种问题，如住房紧张、环境污染、交通拥堵、生态环境破坏等。这些问题被形象地称为“城市病”。为了治理城市病，从工业革命萌芽伊始，西方学者就在探索城市规划的有关问题。乌托邦是 16 世纪首先由托马斯·莫尔（T. More）提出的。针对当时资本主义城市与乡村脱离和对立、土地投机严重等现实，莫尔设想了包括 50 个城市的乌托邦。在乌托邦中，为控制城市规模，相距最远的两个城市一天也能到达；每户有一半人在乡村工作，住满两年轮换一次，以免城市与乡村脱离；街道宽度定为 60.96 米，为的是保证城市良好的通风；住户的门不上锁，以废弃财产私有的观念；生产的东西存放在公共仓库，每户按需领取，并设公共食堂、公共医院。另一位空想社会主义者托马索·康帕内拉（T. Campanella）提出了“太阳城”的方案，城市空间结构由 7 个同心圆组成，居民从事畜牧、农业、航海、防卫等工作。

空想社会主义学家关于城市的种种设想，尽管多数停留在概念层面，但这些思想成为以后田园城市、卫星城市等理论的渊源。

### （二）田园城市的设想

许多学者认为，生态城市起源于田园城市的设想。田园城市理论是在 1898 年由英国人埃比尼泽·霍华德（E. Howard）提出的。针对城市规模增大、人口拥挤、市民隔离感增加等问题，霍华德提出“城市应与乡村结合”的观念。

他精心刻画了一个田园城市的方案：城市人口 30 000 人、用地 404.7 公顷；围绕城市的是大片的永久性绿地，供农牧业用；城市部分由公园、林荫道、公建、住宅组成的一系列同心圆组成，大道由中心向城郊放射出去，整个城市绿地占有较大比率。田园城市理论影响极为广泛，规划界一般把田园城市方案的提出作为现代城市规划的开端。霍华德的田园城市具有以下特点：①城市中有较大比例的公园、林荫道，城市中的人更接近自然；②城市外围为永久性绿地，可以控制城市用地的无限扩张；③同心圆结构及由市中心放射出去的 6 条大道，成为城市结构的一种模式，这种结构利于城市通风，改善城市气候，净化空气。

### （三）卫星城市的设想

20 世纪初，鉴于大城市的恶性膨胀，霍华德的田园城市理论，由其追随者昂温（Unwin）发展成为卫星城市的理论。昂温提出，在大城市的外围建立卫星城市，疏散高密度人口，以控制大城市规模。同一时期，惠依顿也提出，为控制大城市的膨胀，可以在大城市周围用绿地围起来，在绿地之外建立卫星城市，建设工业企业，和中心城市保持一定联系。卫星城市实际上是大城市周围的一些小城市，与大城市保持一定的距离，并在生产生活上与大城市保持紧密联系。

田园城市和卫星城市的设想都已经在实际的城市规划中得到体现。

## 二、生态城市的概念及内涵

生态城市的概念最早于 1971 年在联合国教科文组织发起的“人与生物圈”计划中提出。但直到今天，世界上还没有真正意义的生态城市。人们对生态城市内涵的认识依然在不断深化。

苏联生态学家 Yanitsky 和 Zaionchkovskaya（1984）首先给出了生态城市的概念：生态城市是按照生态学原理建立的社会、经济、自然协调发展，物质、能量、信息高效利用，生态良性循环，技术与自然充分融合，人的创造力、生产力得到最大限度发挥与发展，居民的身心健康与环境质量得到最大限度保护的生态、高效、和谐的人类聚居新环境。我国城市规划专家黄光宇和陈勇（1997）认为，生态城市是人类长期以来对理想生活与住区持续探索和追求的结果，它基于生态学原理，综合研究由经济、社会和自然构成的复合生态系统，并应用现代科学和技术手段而建设的居民满意、经济高效、生态良性循环、可持续发展的人类居住空间。陈予群（1997）认为，建设生态城市是现代文明和未来理想城市的象征。生态城市作为一个人工复合系统，存在于特定的行政区域内，以所属地区的自然资源情况为前提，以人与自然和谐共存为核心，以生态环境承载力为制约因素，以城乡协调、环境清洁优美为特征，实现城市的可持续发展。毕瑜菲（2014）明确了生态城市的概念及内涵。研究发现，生态城市具有共生性、复合性、多样性、可操作性和循环性等特征。乔梓等（2015）通过分析生态城市、生态文明城市、水生态文明城市的内涵及不同角度的概念使用和发展情况，浅析这三个概念并明确其区别与联系，规范概念的使用情况。谢长坤等（2018）从生态城市、园林城市、生态园林城市的理论发展、概念界定、评价指标及建设现状四个方面辨析新时代下三者的内涵异同。即，三者是城市生态化建设逐级渐进的三种模式，生态城市是城市发展的理想目标，创建园林城市和生态园林城市是实现生态城市建设的必经阶段和有效手段。

学者们从各自的研究领域出发，根据自己的认知，提出了不同的生态城市概念。通过对上述学者的研究进行整理和总结，笔者认为，生态城市具有以下几个基本特征：①凸显生态学理论；②强调和谐共生发展；③是一个复合的多重系统；④具有循环的特征。因此，从本质上来看，生态城市是一个多重的概念，强调自然与人和谐相处，是一个高效的循环系统。

## 三、生态城市的特征

生态城市的提出是基于人类生态文明的觉醒和对传统工业化与工业城市的反思。与传统城市相比，生态城市存在本质的不同，其特征如下。

### （一）人文性

只有拥有文化个性、人文气质的城市，才是真正意义上的生态城市。生态城市应具有人文品质，寻求人与自然之间的和谐，人要爱护自然、维护良好的生态环境，身心也能从美好的自然环境中受益；生态城市应寻求人与人之间关系的和谐，追求平等、民主、尊重、关怀的人文价值。

### （二）持续性

可持续发展理论是生态城市的思想基础。城市发展需秉持理性价值取向，即限制需要在合理的范围内。一个只顾“掠夺”性地开发资源、满足眼前需要的城市，不可能持续地发展。具有战略眼光的城市管理者、规划者能科学开发、利用资源，合理配置资源，保持城市持续健康的发展，让城市繁荣的成果惠顾广大的居民。

### （三）整体性

生态城市是一个包括自然、经济和社会在内的复合系统，具有系统的整体性特征。生态城市的规划、建设要兼顾环境、经济和社会三个方面的整体效益，注重城市质量的整体提高。

### （四）区域性

城市不是一个与周围地域隔绝的孤立实体；相反，城市一刻也离不开与其毗连的区域。所以，城市是一种区域的概念，每个城市的发展都有自身独特的区域条件。生态城市作为城乡统一体，是建立在区域平衡基础上的；城市之间也是相互联系、相互影响的，只有平衡协调的区域才有平衡协调的生态城市。

## 四、生态城市建设的原则

1987 年，理查德·瑞吉斯特（R. Register）提出了生态城市建设的四项原则——以相对较小的城市规模建立高质量的城市、就近出行、小规模地集中化、物种多样性有益于健康，并提出了生态城市设计的十二项原则——恢复退化的土地、与当地生态条件相适应、平衡发展、制止城市蔓延、优化能源、发展经济、提高健康和安全、鼓励共享、促进社会公平、尊重历史、丰富文化景观及恢复生物圈（Register，1987）。王贯中等（2010）根据生态文明城市的内涵和特征，确立生态文明城市建设指标体系的构建原则，建立了生态文明城市建设评估指标体系，并对生态文明城市的建设提出了实施建议。孟令伟（2019）指出，原有的城市功能已经难以满足人们的日常生活需求，人们的生存环境面临着一系列的挑战。随着生态发展观的广泛认同，人们意识到，发展是人类生存质量及自然和人文环境的全面优化，发展不能仅仅考虑当代人甚至少数人的舒适和享受，还要顾及全人类的长久生存。

## 五、生态城市的理论基础

生态城市是一种跨学科的城市发展理念，而不是某种单一的发展形式。生态城市的理论基础包括可持续发展理论、城市生态学理论、城市规划理论与循环经济理论等。

### （一）可持续发展理论

可持续发展是一种既满足当代人的需要，又不以损害后代人满足其需要能力的发展模式。其实质是经济、社会和环境的协调发展，既要发展经济，提高人们的生活水平，又要保护人类赖以生存的各种自然资源和环境，使子孙后代能够永续发展和安居乐业。地球是一个复杂的巨系统，可持续发展追求的是整体发展和协调发展。可持续发展是关乎所有人的发展，应以公平为原则，既要保障横向上的不同国家和地区的发展公平，也要保障纵向上的代际发展公平。可持续发展本身也是多样性、多模式的多维度发展。

可持续发展可以归结为经济可持续发展、生态（环境）可持续发展和社会可持续发展。

可持续发展理论强调经济增长的必要性。它不仅重视经济增长的数量，更重视经济增长的质量。单纯数量的经济增长有限，只有依靠科学和技术进步、提高经济增长的效益和质量、促进内涵型的经济增长，才能让经济走上良性持续的轨道。

可持续发展的状态就是资源可持续利用、生态环境良性循环的状态。发展不能超越资源和环境的承载能力。自然资源是可持续发展的物质基础，良好的生态环境是可持续发展的保障。实现可持续发展，就要使可再生资源的消耗速率低于其更新速率，使不可再生资源的使用能够得到替代资源的补偿。

可持续发展的长远目标是谋求社会的全面进步。发展不单纯是经济的增长，而且涉及人类生活质量的改善和人类健康水平的提高，让人们享有平等、自由、受教育的权利并免受暴力。所以，在可持续发展系统中，经济发展是基础，自然生态（环境）保护是条件，社会进步才是目的。21 世纪，人类共同追求的目标是以人为本的自然—经济—社会复合系统的持续、稳定、健康的发展。

### （二）城市生态学理论

城市生态学是一个交叉学科，由生态学、城市学及人类生态学等学科发展而来，由美国芝加哥学派的代表人物罗伯特·E. 帕克（R. E. Park）于 1925 年首先提出。生态学是研究生物之间、生物与环境之间相互关系的学科。城市学是以城市为研究对象，从不同角度、不同层次观察、剖析、认识、改造城市的各种学科的总称。人类生态学是研究人与周围环境之间的相关关系及其规律的学科。城市生态学是以生态学理论为基础，应用生态学和工程学的方法，研究以人为核心的城市生态系统的成分、结构、机制及与其他系统关系的规律，促进物质转化、能量流动及环境质量改善，实现结构合理、功能高效及关系协调的一门综合性学科。城市生态学是生态城市最基本的理论基础。来洁和欢欢（2012）指出，城市为人类创造了巨大的物质和精神财富，然而随着城市向乡村的不断拓展、人口进一步增长、工业无序扩地，其带来的城市居住环境恶化、交通拥堵、城乡贫富悬殊等问题日趋严重。温国胜（2013）在《城市生态学》一书中把生态学基础知识穿插于各个相关章节中，采用“俯视—透视”的方法，按生态系统、个体及生态因子、种群、群落的内容顺序，先从宏观整体上把握，再在具体点上进行剖析，引导读者从整体上认识城市生态学问题。沈清基和王玲慧（2018）从城市生态学界定与研究目标、城市生态学理论的构成因素及基础、城市生态学研究议题、城市生态学面临的挑战、促进城市生态学研究的若干途径、表征城市生态系统的要素等方面进行了解读、归纳与分析。

城市生态学从宏观上对城市自然生态系统、经济生态系统和社会生态系统之间关系进行考察，强调城市自然环境和人工环境、生物群落和人类社会、物理生物过程和社会经济过程之间的相互作用，把城市作为整个区域范围内的一个有机体，分析各组分之间的能量流动、物质代谢、信息流通和人的活动所形成的格局过程。

城市生态学包含的一般规律，如生物与生物及生物与环境相互依存、相互制约的规律，物质循环与再生的规律，物质输入与输出动态平衡的规律，环境资源的有效极限规律，是解决人类当前面临的人口、粮食、能源、资源、环境五大问题的基本理论，是指导生态城市规划、建设和发展的基础理论依据。

### （三）城市规划理论

城市规划思想和实践历史悠久。我国夏代就对“国土”进行了勘测，成书于春秋战国时期的《周礼·考工记》记述了周代王城的空间布局。西方在公元前 500 年的古希腊城邦时期，提出了城市建设的希波丹姆规划模式（Hippodamus' planning model）。现代城市规划理论更是丰富多彩，从乌托邦、太阳城到田园城市、卫星城市、生态城市，不一而足。城市规划是人类为了在城市的发展中维持公共生活的空间秩序而作的未来空间安排。城市规划的意义在于对城市社会发展和演进的指导与控制，为城市建设和管理提供依据，是保证城市合理地进行建设和城市土地合理开发利用及正常经营活动的前提与基础，是实现城市社会经济发展目标的综合性手段。城市规划是一项综合性工作，包括城市总体规划和详细规划，是对城市空间、土地的科学统筹安排，是形成城市良好生态环境的前提。狄涛（2014）指出，19 世纪末，为应对西方城市出现的一系列社会问题而诞生的霍华德的田园城市规划理论，在其后深刻地影响了西方现代城市规划学的发展，被城市规划学家和史学家视为城市规划史上最有影响的理论之一。史晓华（2008）围绕城市规划的相关内容，先是分析城市规划的理论部分，如城市规划的原理、城市规划的要素，然后重点分析了城市各分项的规划设计，如城市空间规划、城市总体规划、城市交通规划、城市住宅区规划、城市商业区规划、城市绿地规划等。李强和张鲸（2019）认为，理性是西方城市规划理论的基石，是个历史范畴，在不同的历史时期有着不同内涵，从古典、中世纪、文艺复兴和启蒙、现代主义，到后现代主义时期，理性的内涵在西方世界发生了深刻的变化。

### （四）循环经济理论

英国环境经济学家大卫·皮尔斯（D. W. Pearce）和图奈（R. K. Turner）在《自然资源和环境经济学》（*Economics of Natural Resources and the Environment*）一书中首次提出“循环经济”一词（Pearce and Turner，1991）。他们在该书中还提出了循环经济的两个原则，即可再生资源的开采速率不大于其可再生速率、排放到环境中的废弃物要少于或等于环境的同化能力。

学者们从三个不同的角度对循环经济概念加以解释：一是从自然资源及废弃物综合利用的角度理解循环经济，认为循环经济的本质是尽可能地少用和循环利用资源；二是从纯技术范式的角度理解循环经济，主张改进生产技术，实现资源的减量化、再利用及资源的再生化；三是从经济模式的角度理解循环经济，把循环经济提升到一种经济发展模式的高度。这三个角度既体现了循环经济的本质属性，也体现了循环经济在其研究上的进展。

3R 原则是由杜邦公司提出的，意为减量化（reduce）、再利用（reuse）和资源化（recycle）。潘鹏杰（2010）认为，循环经济是以提升经济效益、生态效益和社会效益为核心，以高效利用资源和防治环境污染为出发点，以 3R 为原则，实现生产方式由粗放型向集约型、消费方式由过度型向节约型的根本转变，经济可持续发展，实现城市人与自然和谐的一种创新经济增长方式。经济活动中要减少资源的使用量，重复利用资源和物品，回收废弃物，让废弃物变为再生资源，最终减少向环境排放的废弃物。陆学和陈兴鹏（2014）认为，循环经济尚未形成完整的理论体系，理论内核不明晰，理论边缘模糊，理论研究陷入“漂移状态”和“破碎困境”；资源效用是循环经济理论关注的永恒主题，循环经济的研究对象是满足人类生存和发展的资源效用的最大化与最优配置，循环经济与传统经济的本质区别在于资源效用的衡量标准不同；循环经济的本质属性是经济，其外延是社会和环境与经济的关系，循环经济的研究范围包括资源节约与社会公平、环境保护之间的关系研究，但社会公平和环境保护本身并不是循环经济的研究内容。李梦娜（2018）分析循环经济这一新的经济发展模式，从概念内涵、模式选择、实施战略与实施路径、定量测试等方面进行归纳与总结，以期增加对循环经济的认识。

一般认为，循环经济本质上是一种生态经济，运用生态学的反馈规律而不是机械论的线性规律来指导人类社会的经济活动。与传统的“资源—产品—污染排放”单向流动的线性经济比较而言，循环经济要求把经济活动组织成一个“资源—产品—再生资源”的反馈式流程。传统经济的特征是高开采、低利用、高排放，循环经济的特征是低开采、高利用、低排放。循环经济为可持续发展提供了战略性的理论范式，可以消解长期以来环境与发展之间的尖锐矛盾。循环经济作为一种经济发展模式，是对传统经济发展模式的创新和革命。它体现了人类经济发展观念的转变。循环经济不是否定经济增长，而是主张经济增长方式的转变。在遵循生态学和经济学规律的基础上，通过产业调整、技术更新、管理创新、人力资源开发等手段来提高资源利用效率及经济发展质量，实现经济发展和生态环境的协调、平衡。

## 六、生态城市建设的主要模式

生态城市作为人类聚居的理想模式，国内外学者对其投入了极大的热情和精力进行研究，各国政府也十分重视生态城市建设工作，积极实施生态城市建设战略。由于城市自身发展条件各异，生态城市没有固定的模式。就我国而言，根据城市的区位条件和经济发展特点，生态城市的模式主要有五种类型，即循环经济型生态城市、政治型生态城市、经济复合型生态城市、资源型生态城市及园林型生态城市。随着生态城市的理论和实践的不断发展，更多的生态城市建设模式还会应运而生。李林和周航（2012）探索我国低碳城市研究的总体模型框架和城市建设的主要内容（能源、建筑、交通、节能减排），并设计了基于二氧化碳的城市评价体系。罗淞雅（2016）认为，在中国经济社会面临转型的大背景之下，人口越来越集聚的城市无疑承担着经济社会转型和低碳生态建设的双重任务；基于此，其为低碳生态发展导向下的城市规划与建设，提出了一些可行性的建议。周洪波（2018）认为，生态城市的发展与建设模式不仅仅是中国内部城市结构优化的需要，更是国家建设生态大环境的重要基础。它的建设需要根据当地的实情进行一定的规划，才能在不同的地方城市中最大优势地实现“生态梦”这一共同目标。田治国等（2019）以生态修复为视角，以华东地区为研究对象，根据目前存在的问题探究其城市中自然景观营造的构建模式，提出适合这个地区的自然景观营造基本模式，以供参考借鉴。

## 七、生态城市建设的途径

生态城市建设是一项巨大复杂的系统工程，也是一个较新的领域，目前尚无成熟的方法和模式。生态城市建设是一个不断实践、创新、总结和完善的过程。鉴于当前生态城市建设经验不足，可以先做试点，再把成功的经验加以推广，以点带面。根据生态城市的有关理论及国外生态城市建设的成功经验，生态城市建设应采取行政、法律、经济、技术等多种手段，统筹各方面的力量和资源，综合开展。主要有以下几个方面：

第一，改善政府管理机制，涉及生态城市建设的各部门既要明确责任分工，又要相互配合，齐抓共建，共同推进生态城市建设。在生态城市建设中发扬民主，广纳善言，调动市民积极性，争取市民的支持。

第二，要科学论证，构建合理的生态城市评价指标体系，制定科学合理的生态城市规划，优化城市土地资源配置，完善市政设施和公共设施，注重园林绿地建设，保护历史文化遗产，强化治污力度，修复老旧建筑，提高居民的生活质量，为居民创造一个洁净、舒适、便利的工作和生活环境。

第三，改变观念，创新技术，优化产业结构，推行洁净生产。要建生态城市，必须清楚地认识人在自然中的地位，实施创新技术，实施可持续发展战略，发展循环经济，高效利用资源，降低废弃物排放，实现城市生态系统总供给和总需求平衡，使自然环境的生产能力、恢复能力和补偿能力始终保持在较高水平。

第四，重视环境教育和宣传，提高全民环保意识。生态环境是人类生存和发展的基础物质条件，保护生态环境实质上是保护人类自己。只有全民环保意识提高了，生态城市建设才有根基，也才能最大限度地保护良好的环境。

第五，健全生态环境法律体系，加强环境管理和城市管理。创建政府主导、市场推进、公众参与、执法监督的环保新机制。

陈久和（2004）提出，城市建设首先要遵循可持续发展的原则，通过调节自然环境与社会环境的关系，实现社会、经济及自然的可持续发展。陈久和以杭州市区为例，剖析了建设生态城市的基本途径。范海霞等（2010）阐述了生态城市的概念、生态城市的基本轮廓和特点，介绍了国内外生态城市建设的实践概况。以河南省许昌市的生态绿化为例，探讨了生态城市建设的途径，指出不同的城市其自然资源状况、社会经济发展水平、文化背景等各不相同，建设生态城市的途径也应各异。李亮（2014）详细阐述了生态城市建设及循环经济理论存在的必要性及两者的相互关系，提出了循环经济理论有效应用于生态城市建设过程的途径，旨在为生态城市未来建设提供有价值的参考。孙江宁等（2019）通过对欧美国家和地区的生态建设特色、重点领域、建设方法和保障机制等方面的对比研究，总结其建设经验，借鉴其物质循环理念在生态城市建设中的应用，并在此基础上针对国内生态城市建设遇到的困惑，提出符合我国国情的生态新城建设、老城绿色化改造的生态城市建设路径。

# 第四节　PSR 模 型

PSR 模型是评估资源利用和持续发展的模式之一。其中，压力指标（P）用以表征造成发展不可持续的人类活动，状态指标（S）用以表征可持续发展过程中的系统状态，响应指标（R）用以表征人类为促进可持续发展进程所采取的对策。建立一套完整的 PSR 模型是一个复杂的工程，原因之一在于，可以选取的指标众多，指标之间既存在关联和重叠，也有不小的差异，具有一定的独立性，而指标的单位也有诸多差异，不便统一。指标的取舍要以系统的完整概括性和直观解释便利为目标，需要详加考证，选取指标之后亦尚有很多工作要做，具体见图 2.2。

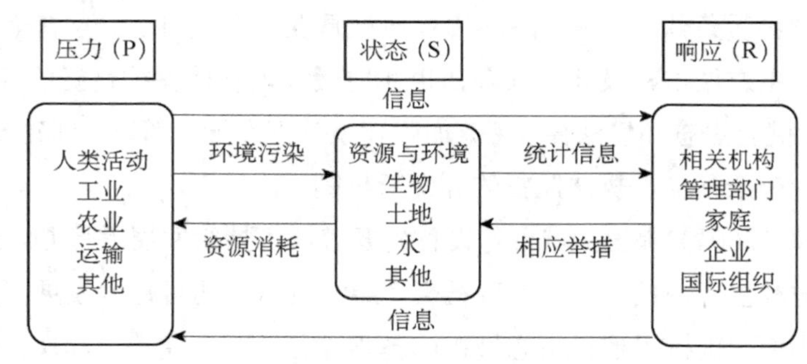


图 2.2　PSR 模型

## 一、PSR 模型理论

PSR 模型在选取指标时使用了压力—状态—响应这一逻辑思维方式，目的是回答发生了什么、为什么发生及人类如何做这 3 个问题。这一思维逻辑以因果关系为基础，体现了人类与环境之间的相互作用关系，即人类活动对环境施加一定的压力；因为这些压力，环境改变了其原有的性质或自然资源的数量（状态）；人类又通过环境、经济和管理策略等对这些变化做出响应，以恢复环境质量或防止环境退化。即，用压力变量描述人类活动对环境施加的影响，反映环境问题产生的原因；用状态变量描述由压力变量所导致的环境问题的物理可测特征；用响应变量测度社会响应环境问题的程度，响应变量可以直接或间接地影响状态变量。如此循环往复，构成了人类与环境之间的压力—状态—响应关系。

随着 PSR 模型的广泛应用，国内外出现了许多针对 PSR 的改进模型。在保留 PSR 模型主体结构和基本原理的前提下对其进行了一些改进。如状态—压力—响应（state-pressure-response，SPR）模型、驱动力—状态—响应（driving force-state-response，DSR）模型、压力—状态—响应—潜力模型（pressure-state-response-potential framework，PSRP 模型）、驱动力—压力—状态—影响—响应（driving force-pressure-state-impact-response，DPSIR）模型、驱动力—压力—状态—响应—控制（driving force-pressure-state-response-control，DPSRC）模型。

SPR 模型与 PSR 模型的框架结构基本一致，但其更适合较陌生生态系统的认识和管理：在人们不了解自身对生态系统造成的压力（P）时，先从状态（S）入手，由生态系统的状态（S）的变化来认识和分析生态系统受到的压力（P），进而来实现对生态系统的响应（R）。DSR 模型与 PSR 模型基本相似，由驱动力（D）代替压力（P），突出了对生态系统受到影响的宏观理解。PSRP 模型于 20 世纪 90 年代初由澳大利亚的西悉尼地方议会组织（Western Sydney Regional Organizatio of Councils，WSROC）提出，在 PSR 模型基础上增加了当前社会技术水平下人类改造环境系统的潜力指标。

DPSIR 模型是由经济合作与发展组织（Organization for Economic Co-operation and Development，OECD）在 1993 年提出，并为欧洲环境局所采用。在 DPSIR 概念模型中，D 是指造成环境变化的潜在原因，P 是指人类活动对其紧邻的环境及自然环境的影响，是环境的直接压力因子，S 是指环境在上述压力下所处的状况，I 是指系统所处的状态反过来对人类健康和社会经济结构的影响，R 指人类在促进可持续发展进程中所采取的对策。

DPSRC 模型相对于 PSR 模型增加了驱动力 D 和控制指标 C，并对各指标的含义做了修改，D 代表驱动生态系统发生变化的动力，包括自然驱动力和人类活动驱动力；P 代表导致生态系统结构和功能变化的生态压力，是由于 D 产生的直接结果；S 代表由于压力而造成的生态环境的变化，即生态系统非生物成分的变化；R 代表生态系统对环境改变而产生的响应，即对 S 改变的响应，主要指生物响应，即生态系统生物结构的变化；这里的 C 相当于原 PSR 模型中的 R，代表人类的控制措施，即人类所做出的调控措施，包括法律法规的制定、公众的参与、科学研究的开展等。

## 二、PSR 模型的特点

### （一）模型具有很强的逻辑关系

PSR 模型强调人类活动对生态系统造成影响的因果关系，而这一因果关系正是生态安全评价的重点。生态系统是一种典型的自然—社会—经济复合生态系统，对其进行评价要充分考虑其社会属性和自然属性两方面的内容，要充分考虑人类活动对生态系统造成的影响。

### （二）模型具有很强的综合性和灵活性

指标的选取既有综合性又有时空性，既包含社会—经济—自然复合型指标，又包含一些较大的时空尺度指标。生态系统是一种复合生态系统，具有动态性，而生态过程存在一定的迟滞效应，因此对生态系统某一特定时期的状态进行评价不能全面地反映生态系统的实际状况。而 PSR 模型综合和灵活的指标选取原则正好可以解决这一问题。

### （三）模型具有很强的管理思想

模型从管理者的高度出发，不仅评价了环境的状态，还评价了导致环境状态发生改变的原因及人类对环境采取的补救措施。对生态系统评价的最终目标就是对其进行调控，以及对人类社会经济活动进行调节。PSR 模型可以评价管理者所采取的调控手段的成效，促使管理者不断地改进和调节管理措施，并对改进后的管理措施再进行评价。这种往复循环的评价和管理模式可以促进人类活动与生态的和谐，是可持续发展的重要措施和保障。

## 三、PSR 模型的应用

### （一）传统 PSR 应用

PSR 模型是目前最广泛应用的指标体系之一。许多政府和组织都认为，

PSR 模型是用于环境指标组织和环境现状汇报最有效的框架，已经被广泛应用于土地质量指标体系研究、农业可持续发展评价指标体系研究及环境保护投资分析等领域。随着人们对生态系统认识的深入和对生态安全概念理解的加深，PSR 模型逐渐应用于各个领域及区域的生态安全评价中，评价对象不断扩增。近年来，流域—河口及海湾生态系统逐渐受到生态学者的重视，是一类典型的社会—经济—自然复合生态系统。PSR 模型很适合对这类生态系统进行评价和管理，针对其开展的生态评价也越来越多。麦少芝等（2005）运用 PSR 模型进行了湿地生态健康指标体系的构建，周林飞等（2008）运用 PSR 模型进行了湿地水循环评价指标体系的构建，肖佳媚和杨圣云（2007）运用 PSR 模型对南麂岛进行了生态系统评价，周晓蔚（2008）运用 PSR 模型对长江河口生态健康进行了评价，陈静（2011）针对开发区土地利用现存的问题提出：必须按照市场经济的客观规律，重视开发区土地集约利用，转变开发区土地利用观念，积极开展土地集约利用评价工作，提高土地利用效率。皮庆等（2016）从 PSR 模型的作用机制出发，构建了包括系统压力、状态、响应 3 个子系统、26 项指标的环境承载力评价指标体系，运用熵值法（entropy method）赋权，结合模糊综合评价模型对武汉城市圈环境承载力进行实证分析。皮家骏等（2018）采用 PSR 概念框架构建了评价指标体系，运用层次分析法和熵权法来判断评价指标的权重，引入物元分析法对城市水生态文明建设进行综合评价，分别从水生态的水资源、水生态、水利用、水管理和水文化 5 个方面入手，构建评价指标综合体系，并以南昌市 2006～2015 年城市水生态为实例进行评价。

### （二）改进的 PSR 应用

改进的 PSR 模型在生态安全评价中也有较多运用。于伯华和吕昌河（2004）基于 DPSIR 模型进行了农业可持续发展宏观分析；杨俊等（2008）运用 DPSRC 模型进行了大连市城市空间环境分异评价，对压力的来源进行了追踪，引入驱动力指标，这就更加突出了人在环境中的作用，可以解决多重指标间的详细分级并解释其相互联系。PSR 模型不仅具有多种改进形式和用法，而且即使在其相同的形式下，不同学者的理解和用法也不尽相同。方振锋（2007）基于改进的 PSR 模型对深圳宝安区生态安全评价进行了研究，虽然对 PSR 模型的形式未进行改变，但是使资源、环境、经济三方面都具有了压力、状态、响应的特征。罗跃初等（2004）在运用 PSR 模型对辽西大凌河进行生态安全评价的过程中，把 R 理解为一种生态效应，包括生物多样性效应、植被效应和改善特质效应等。这里对 R 的理解就与大部分学者对 PSR 模型中 R（人类响应措施）的理解不同，而与上述 DPSRC 模型中的 R 理解相近。张文斌（2014）在借鉴国内 PSR 概念模型的基础上，结合西北干旱生态脆弱区的特点及实际情况，建立了基于改进 PSR 模型的土地利用系统健康评价体系，采用 2001～2010 年的相关数据，运用熵值法、线性加权法及障碍因素诊断法等定量研究方法对玉门市土地利用系统健康进行了评价。罗浩轩（2017）通过选取多因素综合法，在利用层次分析法的思维方式基础上构建 PSR 模型，对 1996～2014 年的中国农村土地节约集约利用状况进行了因子分析。吴忠诚等（2018）针对现有国家脆弱性的评价问题，对比选择并改进较为适宜进行评价的 PSR 模型，运用数据无量纲化、熵值法等研究方法，建立了改进后的 PSR 模型；对给定的评价国家，可以计算其脆弱性指数，评价其脆弱性状态。任建龙等（2019）改进粒子群算法，分别优化模糊 C–均值聚类算法及基于相空间重构技术和核极限学习机组合模型（PSR-KELM 模型）的四参数预测风速。

因此 PSR 模型在指标分类上具有很大的灵活性，在选择具体的模型方法时应该针对具体的评价对象选择合适的模型，并因地制宜地赋予其含义。

# 第三章　生态安全格局评价方法

生态安全格局评价的方法存在多种类型，本章主要介绍主客观分析法、GIS技术和RS技术这几种类型。

## 第一节　主客观分析法

### 一、主观分析法

主观评价方法主要有层次分析法。层次分析法是指将一个复杂的多目标决策问题作为一个系统，将目标分解为多个目标或准则，进而分解为多指标（或准则、约束）的若干层次，通过定性指标模糊量化方法算出层次单排序（权数）和总排序，以作为目标（多指标）、多方案优化决策的系统方法。

层次分析法是将决策问题按总目标、各层子目标、评价准则直至具体的备投方案的顺序分解为不同的层次结构，然后用求解判断矩阵特征向量的办法，求得每一层次的各元素对上一层次某元素的优先权重，最后再利用加权和的方法递阶归并各备择方案对总目标的最终权重，此最终权重最大者即为最优方案。

层次分析法比较适合于具有分层交错评价指标的目标系统，而且目标值又难于定量描述的决策问题。

该方法的主要计算步骤如下。

第一，建立层次结构模型。将决策的目标、考虑的因素（决策准则）和决策对象按它们之间的相互关系分为最高层、中间层和最低层，绘出层次结构图。

最高层是指决策的目的、要解决的问题。中间层是指考虑的因素、决策的准则。最低层是指决策时的备选方案。对于与中间层相邻的两层来说，高层为目标层，低层为因素层。

第二，构造判断（成对比较）矩阵。在确定各层次各因素之间的权重时，如果只是定性的结果，则常常不容易被别人接受，因而 Saaty 等提出一致矩阵法，即不把所有因素放在一起比较，而是两两相互比较，对此时采用相对尺度，以尽可能减少性质不同的诸因素相互比较的困难，以提高准确度（许树柏，1988）。如针对某一准则，对其下的各方案进行两两对比，并按其重要性程度评定等级。$a_{ij}$ 为要素 $i$ 与要素 $j$ 重要性比较结果，表列出 Saaty 给出的 9 个重要性等级及其赋值。按两两比较结果构成的矩阵称作判断矩阵。判断矩阵具有如下性质：

$$a_{ij}=\frac{1}{a_{ji}} \tag{3.1}$$

判断矩阵元素 $a_{ij}$ 的标度如表 3.1 所示。

**表 3.1　因素赋值**

| 因素 $i$ 比因素 $j$ | 量化值 |
|---|---|
| 同等重要 | 1 |
| 稍微重要 | 3 |
| 较强重要 | 5 |
| 强烈重要 | 7 |
| 极端重要 | 9 |
| 两相邻判断的中间值 | 2，4，6，8 |

第三，层次单排序及其一致性检验。对应于判断矩阵最大特征根 $\gamma_{\max}$ 的特征向量，经归一化（使向量中各元素之和等于 1）后记为 $\boldsymbol{W}$。$\boldsymbol{W}$ 的元素为同一层次因素对于上一层次因素某因素相对重要性的排序权值，这一过程称为层次单排序。能否确认层次单排序，则需要进行一致性检验。所谓一致性检验是指对 $\boldsymbol{A}$ 确定不一致的允许范围。其中，$n$ 阶一致阵的唯一非零特征根为 $n$；$n$ 阶正互反矩阵 $\boldsymbol{A}$ 的最大特征根 $\lambda \geqslant n$，当且仅当 $\lambda=n$ 时，$\boldsymbol{A}$ 为一致矩阵。

由于 $\lambda$ 连续地依赖于 $a_{ij}$，则 $\lambda$ 比 $n$ 大得越多，$\boldsymbol{A}$ 的不一致性越严重。一致性指标用 CI 计算。CI 越小，说明一致性越大。用最大特征值对应的特征向量作为被比较因素对上层某因素影响程度的权向量，其不一致程度越大，引起的判断误差越大。因而可以用 $\lambda-n$ 数值的大小来衡量 $\boldsymbol{A}$ 的不一致程度。定义一致性指标为

$$\mathrm{CI}=\frac{\lambda-n}{n-1} \tag{3.2}$$

其中，CI=0，有完全的一致性；CI 接近于 0，有满意的一致性；CI 越大，不一致越严重。为衡量 CI 的大小，引入随机一致性指标 RI：

$$\mathrm{RI}=\frac{\mathrm{CI}_1+\mathrm{CI}_2+\cdots+\mathrm{CI}_n}{n} \tag{3.3}$$

其中，随机一致性指标 RI 和判断矩阵的阶数有关。一般情况下，矩阵阶数越大，则出现一致性随机偏离的可能性也就越大。考虑到一致性的偏离可能是由于随机原因造成的，因此在检验判断矩阵是否具有满意的一致性时，还需将 CI 和随机一致性指标 RI 进行比较，得出检验系数 CR，公式如下：

$$\mathrm{CR}=\frac{\mathrm{CI}}{\mathrm{RI}} \tag{3.4}$$

一般，如果 $\mathrm{CR}<0.1$，则认为该判断矩阵通过一致性检验，否则就不具有满意一致性。

第四，计算某一层次所有因素对于最高层（总目标）相对重要性的权值，称为层次总排序。这一过程是从最高层次到最低层次依次进行的。

## 二、客观分析法

### （一）数据包络分析

数据包络分析（data envelopment analysis，DEA）来源于学者 Charnes 和 Cooper（1980）及 Mayer 和 Zelenyuk（2014）的研究，主要适用于决策单元的技术效率评价。DEA 方法自诞生以来得到了国内外学者的广泛认可，在多目标处理方面进行了积极的探索和应用。DEA 模型在分析的过程中相对简单，所以应用的范围较广。通过对 DEA 进行文献分析得出，DEA 模型主要应用在绿色效率及环境效率的测度方面，在绿色增长领域内的研究逐渐增多。但是，DEA 需要设计投入和产出两个关键指标，在指标的获取和处理方面存在较大的难度，同时也不能实现对评价对象的排序，无法进行指标之间的横向和纵向

对比，存在一定的局限性。

#### （二）灰色关联分析

灰色关联分析（grey relation analysis，GRA）主要是由我国学者邓聚龙研究团队得出的，实现以信息为依托对现实情境进行分析。GRA 法是该理论的核心基础，能够对状态和趋势进行分析，是进行曲线形状相似性分析的重要尺度，是一种非常科学的评价方法。GRA 的思路是通过评价序列的曲线族与参考序列的曲线间的相似性对序列的关联度进行判断，是一种较抽象的计算方式。GRA 法的主要流程是：首先，对原始数据进行标准化处理；其次，通过计算原理测算序列之间的关联度；最后，根据关联度的高低对序列进行排序。GRA 法在实际中的应用非常广泛，覆盖了大多数研究领域。但是，在采用 GRA 法的时候要注意避免指标之间的信息重复问题。

## 第二节　GIS 技术和 RS 技术

### 一、GIS 技术及其应用

#### （一）什么是 GIS 技术

GIS 技术是近些年迅速发展起来的一门空间信息分析技术，在资源与环境应用领域中发挥着技术先导的作用。GIS 技术不仅可以有效地管理具有空间属性的各种资源环境信息，对资源环境管理和实践模式进行快速、重复的分析测试，便于制定决策、进行科学和政策的标准评价，而且可以有效地对多时期的资源环境状况及生产活动变化进行动态监测和分析比较，也可以将数据收集、空间分析和决策过程综合为一个共同的信息流，明显地提高工作效率和经济效益，为解决资源环境问题及保障可持续发展提供技术支持。

#### （二）GIS 技术的应用

1. 应用范围

GIS 在生态环境研究中应用广泛，主要有：①生态环境背景调查；②将遥感信息与地面站点监测信息相结合，对环境（水、大气及固体废弃物等）进行动态、连续监测；③利用 3S 技术［全球定位系统（Global Positioning System，GPS）、RS 和 GIS 的合称］支持自然生态环境监测、预报与评估；④面源污染的监测、分析与评价；⑤生态环境影响评价；⑥生态区划与规划；⑦环境规划与管理。

2. 应用实践

国家环境保护总局先后组织有关单位进行了我国西部地区和中东部地区的生态环境现状调查工作，第一次全国范围地摸清了我国的生态环境现状。为提高我国环境信息技术的整体实力，国家环境保护总局在国内 27 个省（自治区、直辖市）开展了“中国省级环境信息系统”项目。该系统以环境数学模型为基础，对管理信息系统提供了大量数据分析和处理，给出决策原则上的辅助信息，并将先进的 GIS 空间分析技术基础数据库和空间数据库综合起来，使环境问题决策的过程更加直观、快速、适时和有效。

2002 年，在科学技术部的主持下，国家环境保护总局、农业部、林业部等部门开展了“全国环境背景数据库建设与服务”工作，通过该项目规范了我国的环境背景元数据的标准与代码，建设了环境背景元数据库，并将继续建设与完善环境背景数据库；从而进一步促进我国环境保护工作的科学分析与决策。

3. 存在的问题

GIS 技术在环境资源领域取得进展的同时，不可否认 GIS 的应用还存在诸多问题，主要表现在以下几个方面。

（1）数据来源与数据质量难以保证（数据来源广泛，但数据质量不高）。资源与环境问题涉及土壤学、环境学与地理学等各个学科领域，其影响因素复杂，需要数据量大且要求质量高。然而，由于仪器设备及人力物力的限制，许多数据难以获取。而且，现有数据也往往由于数据来源不一、数据格式各异、年代不同等原因造成土地资源与生态环境数据质量难以保证，特别是数据格式不一，使各地区的数据难以共享，严重影响了 GIS 的应用。同时，GIS 最基本特点是每个数据项都有空间坐标，而传统的人工采集与野外调查数据空间定位能力差，并且往往以点带面，不可避免地带来了各种误差。因此，数据来源与数据精度一直是 GIS 技术真正解决资源与环境问题的一个“瓶颈”。

（2）应用水平低。资源环境管理型 GIS 还停留在简单的资源浏览查询、制图及分析水平，而真正意义上资源环境合理配置、决策支持方面的专业应用系统仍十分缺少。

（3）GIS 的功能没有充分发挥出来。管理者的认知水平低、基础数据缺乏、模型方法欠缺等方面的限制，使 GIS 的空间分析功能在资源环境管理中没有发挥效益。

（4）标准规范不统一、数据共享程度低。由于资源环境管理的专业性比较强，在相应 GIS 建立的过程中，技术标准、数据交换标准、元数据标准等方面存在着很大的差别，使不同的信息系统之间难以共享。

（5）集成化程度低，许多资源环境管理 GIS 功能相对单一，系统结构开发性差，没有实现与全球定位系统、遥感信息的集成应用，难以满足现代资源环境管理相集成化、综合化方向发展的需要。

### （三）相关技术及发展趋势

随着计算机和信息技术的快速发展，GIS 技术得到了迅猛的发展。GIS 系统正朝着专业或大型化、社会化方向不断发展着。大型化体现在系统和数据规模两个方面；社会化则要求 GIS 要面向整个社会，满足社会各界对有关地理信息的需求，即开放数据、简化操作、面向服务，通过网络来实现数据乃至系统之间的完全共享和互动。下面我们从 GIS 技术角度来讨论和分析当前 GIS 的相关技术及其发展趋势。

#### 1. 空间信息的获取、处理与交换

地理空间数据是 GIS 的“血液”。构建和维护空间数据库是一项复杂、工作量巨大的工程，包括数据的获取、校验和规范化、结构化处理、数据维护等过程。GIS 处理的数据对象是空间对象，有很强的时空特性，获取数据的手段及数据的形式也复杂多样。获取数据的基本方式有：野外全站仪平板测量、GPS 测量、室内地图扫描数字化、数字摄影测量、从遥感影像进行目标测量和数据转换等。这些获取技术已经基本成熟。同时，空间数据也具有很强的时效性，不同的空间数据必须进行周期不等的数据更新维护。空间数据库中数据的准确、及时、完整是实现 GIS 应用系统价值的前提基础。空间数据维护往往涉及跨部门、跨行业的多种数据格式和多种数据类型的大量数据，提供有效的空间

数据编辑更新手段是当前亟待解决的一个重要课题。

基于上述信息获取技术，在过去的20年间，国家有关部委和行业部门已经积累了大量原始数字化数据和相应资料，建立了1100多个大、中型数据库及大量的各类数字化地理基础图、专题图、城市地籍图等。国家测绘局已经完成了全国1∶100万、1∶25万基础地理空间数据库及全国七大江河数字地形模型的建设，并启动了全国1∶5万、部分省份1∶1万基础地理空间数据库的建设。这些基础数据有力地促进了GIS技术的广泛应用，进而产生了大量的GIS数据。但GIS软件在空间数据模型上的不同及它们在地理实体上的认识差异，使得其所积累的数据难以转换和共享（即使能够数据转换，也会产生某些信息的丢失），从而形成一个个新的数据孤岛。制定数据交换的格式标准已经成为大家的共识。一些国家和组织已经在进行这方面的工作，并定义了一些数据交换标准，如空间数据转换标准（spatial data transfer standard，SDTS）、开放性地理数据互操作规范（open geo-data interoperability specification，OGIS）、联盟制定的地理标记语言（geographic markup language，GML）。另外一些公认的数据格式（如DXF、Shapefile和MIF文件格式等）正逐渐成为数据交换的事实标准。我国也在“九五”期间制定了地球空间数据转换标准。但是，由于人们对空间信息认识和研究成果的制约，还没有一个统一的地理数据模型。因此，建立实用的数据交换格式和信息标准将是一个长期、复杂的过程。

2. 空间数据的管理

空间数据的管理涉及空间数据模型和空间数据库两个方面的内容。空间数据模型刻画了现实世界中空间实体及其相互间的联系，为空间数据的组织和空间数据库的设计提供了基本的方法。因此，空间数据模型的研究对设计空间数据库和发展新一代GIS起着举足轻重的作用。GIS中与空间信息有关的信息模型有三个，即基于对象（要素）（object）的模型、场（field）模型及网络（network）模型。GIS基础软件平台的研制和应用系统的设计开发一直沿用这三种空间数据模型，但这些模型在空间实体间的相互关系及其时空变化的描述与表达、数据组织、空间分析等方面均有较大的局限性，难以满足新一代GIS基础软件平台和应用系统发展的要求。主要表现为以下几个方面。

（1）仅能表达空间点、线、面目标间极有限的简单拓扑关系，且这些拓扑关系的生成与维护耗时费力。

（2）难以有效地表达现实三维空间实体及其相互关系。

（3）适于记录和表达某一时刻空间实体性状及相互间关系静态分布，难以有效地描述和表达空间实体及其相互间关系的时空变化。

（4）没有考虑异地、异构、异质空间数据的互操作和分布式“对象”处理等问题。

针对上述不足，时空数据模型、三维数据模型、分布式空间数据管理、GIS设计的计算机辅助软件工程（CASE）工具等研究已经成为当前国际上GIS空间数据模型研究的学术前沿。

## 二、RS技术及其应用

### （一）什么是RS技术

RS技术是指从高空或外层空间接收来自地球表层各类地理的电磁波信息，并通过对这些信息进行扫描、摄影、传输和处理，从而对地表各类地物、现象进行远距离探测和识别的现代综合技术。RS技术可以用于植被资源调查、作物产量估测、病虫害预测等方面。

RS技术包括传感器技术，信息传输技术，信息处理、提取和应用技术，目标信息特征的分析与测量技术等。依其仪器所选用的波谱性质，RS技术可以分为电磁波RS技术、声呐RS技术、物理场（如重力和磁力场）RS技术。其中，电磁波RS技术是利用各种物体/物质反射或发射不同特性的电磁波进行的，可以分为可见光、红外、微波等RS技术。RS技术按照感测目标的能源作用可以分为主动式RS技术和被动式RS技术，按照记录信息的表现形式可以分为图像方式和非图像方式，按照遥感器使用的平台可以分为航天RS技术、航空RS技术、地面RS技术，按照RS的应用领域可以分为地球资源RS技术、环境RS技术、气象RS技术、海洋RS技术等。

具体地说，RS技术是指从远距离、高空及外层空间的各种运载工具及RS平台上，利用可见光、红外、微波等光学、电子和电子光学的电磁波探测仪器及遥感仪或传感器，通过摄影或扫描、信息感应，接收从物体辐射、反射和散射的电磁波信号，用影像胶片和数据磁带记录下来，传到地面站，经处理加工，从中提取对了解物体各现象有用的信息，再结合地面物体的光谱特性来识别研究地面物体的种类、性质、形状、大小、位置及其与环境的相互关系与变化规律的现代技术科学。通常就把这一整个的接收、传输、处理分析判读RS信息的过程统称为RS技术。RS技术系统包括被测目标的信息特征、信息获取、信息传输与记录、信息的分析处理和信息的应用五大部分。

### （二）RS技术的应用

RS技术在全世界范围内的迅速发展和广泛应用是在1972年美国第一颗地球资源卫星的成功发射并获取了大量的卫星图像之后。在空运行的各种RS平台用于搭载各种用途的传感器。当前的传感器已经能全面覆盖大气窗口的所有部分。新型传感器的不断出现，使得RS技术已经从过去的单一传感器发展到现在的多种类型传感器，并能在航天、航空RS平台上获得不同空间分辨率、时间分辨率和光谱分辨率的RS影像。RS影像的空间分辨率和光谱分辨率的明显提高，扩展了它的应用领域；计算机运行速度和容量以数量级的速度增长，数据库技术、网络技术的发展和人工智能的应用为分析处理大数据量RS和地理数据创造了条件。

### （三）发展趋势

随着世纪空间技术、传感器技术、数字图像处理技术的发展，RS技术的发展将进入一个崭新的时代，总的发展趋势可以概括为以下几个方面。

（1）研制和发射以环境监测和资源管理为主要目标的实用型商业RS卫星。

（2）发展高分辨率RS传感器，提高RS影像的分辨率，增加可以使用的遥感波谱段。

（3）扩大RS技术的应用领域，如大地构造、大陆漂移、人类生态环境、全球性的环境监测、气象预测及地球动力研究、大型工程的综合评价、海洋开发等全球性课题。

（4）提高数字图像处理技术及分析解译技术。

现代RS技术的显著特点是尽可能地集多种传感器、多级分辨率、多谱段和多时相技术于一身，并且可以与全球定位系统，GIS技术、惯性导航系统等高技术系统结合成智能传感器。而且，随着空间分辨率、时间分辨率、光谱分辨率的提高，RS技术的应用逐渐由定性向定量、静态向动态发展。

# 第四章　基于 PSR 的生态安全格局评价指标体系及评价模型

生态安全格局评价指标体系的构建主要基于 PSR 模型，从生态安全格局评价指标体系的构建、生态安全格局评价模型的构建两个方面去描述。

## 第一节　生态安全格局评价指标体系的构建

### 一、指标体系的框架模式

人类的社会经济活动与生态系统之间不断发生着相互作用的关系。人类社会在从生态系统中获取自身生存繁衍和发展所必需的资源、能量的同时，又通过生产、消费等环节向生态系统排放各种废弃物，从而极大地影响和改变着生态系统，而生态系统功能和状态的变化又反过来影响人类社会经济系统的生存和发展。这种关系就构成了人类的社会经济系统与生态系统之间的压力、状态、响应关系。对于公众和决策者来说，他们需要知道“生态系统发生了什么样的变化趋势”“为什么会发生如此的变化”“人类社会应该对此变化采取什么样的行动”这三个问题的答案，而这三个问题也是生态安全指标体系的研究和设计，特别是生态安全指标体系本身，应该回答的主要问题。设计生态安全指标体系的目的是为人们提供生态系统的变化状况及生态系统与社会经济系统之间相互作用的结果的信息。由此，人们率先提出并发展了反映自然环境状况指标体系的 PSR 框架。

这一框架模型具有非常清晰的因果关系，即人类活动对环境施加了一定的压力，环境状态发生了一定的变化，而社会应当对环境的变化做出响应，以恢复环境质量或防止环境退化。这三个环节正是决策和制定对策措施的全过程。通过对以上三个环节的评价和评估，可以为决策和制定对策措施提供科学合理的依据，具体见图 4.1。

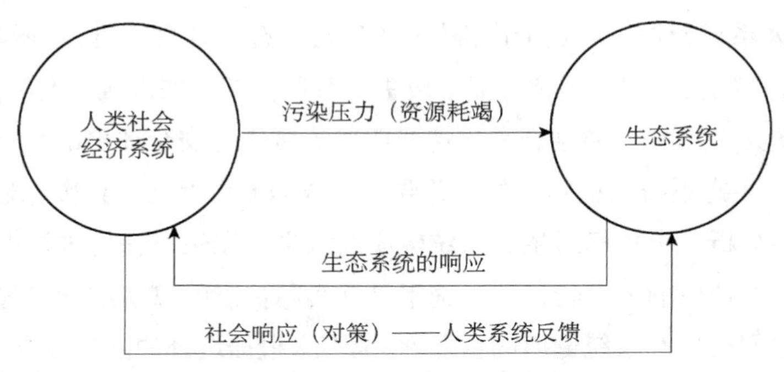


图 4.1　生态安全格局 PSR 框架

根据上述框架，我们认为，生态安全指标体系首先应该由三大类指标构成。状态指标用来衡量生态系统的现状和变化趋势，即状态指标能够回答上述所提出的“生态系统发生了什么样的变化趋势”的问题。压力指标用来衡量人类对生态系统造成的压力，要回答的是“为什么会发生如此的变化”，即生态危机产生的原因，如由于人类对自然资源的开采或过度利用、向环境排放污染物或废弃物，以及人类对生态环境的干预活动等而导致的资源枯竭、环境质量下降等。响应指标用来衡量人类对生态危机或生态破坏所采取的对策，要回答“人类社会应该对此变化采取什么样的行动”的问题。它们用来表征社会对解决生态危机或生态破坏而进行的努力，因此它们衡量的是生态环境政策的实施状况。

以森林覆盖率这一问题为例，我们首先需要设计出表明森林覆盖率的现状和变化趋势的指标，如森林覆盖率的变化；其次要设计造成森林覆盖率变化原因的指标压力指标，如植树造林、林木砍伐量等；最后要设计相应的响应指标，如受保护的森林面积占总森林面积的百分比、受管理区域面积的比例等。生态安全的指标体系反映的是社会、经济、生态系统之间的相互作用关系，即三者之间的压力、状态、响应关系。根据对生态安全含义和目标的理解，整个生态安全指标体系分成三个部分：状态指标体系描述和表征生态系统的现状与变化趋势，压力指标体系描述和表征人类社会对生态系统造成的压力，响应指标体系描述和表征人类社会对解决生态危机与生态破坏所做的努力。

## 二、指标体系设计原则

指标体系设计是生态安全评价的基础。指标选取是否合适、数据是否易得、指标概念模型是否合理、完善，都直接决定着评价结果的准确性与精度。首先，在指标的选取过程中，要结合具体情况明确流域生态安全评价的重点，选取能够表征流域生态系统状况的指标，还要保证数据的可得性。其次，对指标进行分类时，要分析各个指标对生态系统健康的意义及在生态评价过程中的指示作用。再次，对选取的各个特征因子选用符合实际情况的算法进行权重分析与确定，明确它们对生态系统健康的重要性。最后，根据选择的数据建立指标体系，并根据分析的数据结果定量地判别流域生态系统的生态安全等级，以期对流域生态安全评判和管理提供科学合理的依据。

基于 PSR 模型的流域生态安全评价指标的选取遵循以下几个基本原则。①完整性。由于流域沿岸生态环境各异且生态脆弱性地带较多，指标的范围应当尽可能全面，且应当囊括物理化学、生态学、社会经济范畴等。选取的指标除具体、微观的生物指标外，还需要包括宏观的社会经济指标等。②科学性。指标选取一定要有科学合理的理论依据，其标准化、分析、比较、综合等都要建立在科学的基础上。③可操作性。其包括指标的选取一定要合适，相关数据易于得到且便于研究人员选取合适方法进行分析，指标的标准容易查找等。

## 三、指标体系设计总体思路

在 PSR 概念模型中，压力是引发流域生态环境发生变化的直接原因，指人类活动对自然环境的影响，主要表现为资源的使用速度、能源的消耗强度和废弃物排放强度；状态是指生态环境在上述压力下的现实状况，主要反映在流域的生态环境污染水平和承载力状态上；响应过程则是人类采取制定积极政策以促进可持续发展进程，如提高资源能源利用效率、减少污染、增加投资等措施。

通过对 PSR 概念模型的理解，PSR 模型指标体系需要满足以下几个功能：①应该能够描述和表征某时刻发展的各个方面的现状；②应该能够描述和表征某个时期至展望某一方面的变化趋势；③应该能够描述和表征发展的各个方面的协调程度，能够反映社会、经济、生态系统之间的相互关系，即三者之间的压力、状态、响应关系。

## 四、指标体系构建

本书基于 PSR 框架体系，采用由上至下的方法，对生态环境安全指标进行逐层分析，建立较完善的指标体系。具体而言，选择整体生态安全指数作为第 1 层，即目标层（O），用来指示生态环境安全的总体水平。第 2 层为准则层（C），包括压力（P）、状态（S）和响应（R）三大指标。每个准则层代表不同的过程，包含不同的指标。3 个准则层相结合可以较全面地反映系统受到社会经济与人类活动的影响、现有的生态状况及应当采取的积极措施。第 3 层为指标层（I），即依据完整性、科学性和可操作性原则，考虑到指标基础数据的易得性和可操作性等原则，在国内外生态环境安全评价指标体系研究的基础上，结合我国相关环境保护标准、要求与专家咨询，并考虑生态脆弱性特征和开发需求，构建城市生态安全评价指标体系。

## 五、评价标准及权重的确定

指标的权重主要指的是每个指标所占的比重，即相对重要程度。确定指标权重有很多方法，如德尔菲法、层次分析法等。每种方法都有各自的适用范围。

书中的各个指标权重主要参考的是许田（2008）在其论文中使用的权重值（表 4.1），其对每个指标都有相应的解释。其中，生态系统服务功能价值的权重为 0.248，生态弹性度的权重为 0.218，平均斑块面积的权重为 0.206。不同的权重代表着不同指标的影响程度，也是进行评价的前提和基础。这三个指标均属于状态分析中的指标，因此状态所反映的研究区自然状况在很大程度上决定了生态安全的程度。

表 4.1　指标权重表

| 目标层 | 准则层 | 权重 | 指标层 | 权重 |
|---|---|---|---|---|
| 城市生态安全格局 | 压力（P） | 0.028 | 人口密度 | 0.024 |
| | | | 人类干扰指数 | 0.004 |
| | 状态（S） | 0.796 | NDVI | 0.033 |
| | | | 景观多样性指数 | 0.091 |
| | | | 平均斑块面积 | 0.206 |
| | | | 生态系统服务功能价值 | 0.248 |
| | | | 生态弹性度 | 0.218 |
| | 响应（R） | 0.176 | 景观破碎度 | 0.176 |

# 第二节　生态安全格局评价模型的构建

## 一、综合评价方法的选择

层次分析法是定性与定量因素充分结合的多准则决策评价方法。该方法首先建立递阶层次结构，然后根据层次结构构建判断矩阵，最后根据判断矩阵计算相对权重。层次分析法是一种系统性的分析方法，简洁而实用，分析时需要的定量数据少，但其要求对问题的本质、要素理解透彻，可以用于对无结构特性的系统评价及多准则、多目标、多时期等的系统评价。

在信息论中，熵是系统无序程度的度量。它还可以度量数据所提供的有效信息量。当评价对象在某项指标上的值相差较大时，熵值较小，说明该指标提供的有效信息量较大，该指标的权重也应较大；反之，若某项指标的值相差较小，熵值较大，说明该指标提供的信息量较小，则该指标的权重也应较小。所以，当各被评价对象在某项指标上的值完全相同时，熵值达到最大，意味着该指标未向决策提供任何有用的信息，可以考虑从评价指标体系中去除。所以，熵权法是一种客观的赋权方法。

## 二、基于 PSR 的生态安全格局评价模型构建

本书以反映生态系统的服务功能、生态系统的完整性和恢复能力为原则，并且具有一定的可操作性，以生态安全、景观生态学等理论为基础，根据 PSR 模型概念框架，构建了 3 个层次的生态安全评价指标体系，其中综合评价指标

由一级的多个指标反映，基值采用加权求和的方法确定，计算公式为

$$X = \sum_{i=1}^{n} x_i w_i \tag{4.1}$$

式中，$X$ 为综合评价指标，$w_i$ 为第 $i$ 个评价指标的权重，$x_i$ 为第 $i$ 个指标量化后的值，$n$ 为评价指标的个数。

表 4.2　生态安全评价指标体系

| 目标层 | 准则层 | 指标层 |
| --- | --- | --- |
| 生态安全指数 | 压力（P） | 人口密度 |
| | | 人类干扰指数 |
| | 状态（S） | NDVI |
| | | 景观多样性指数 |
| | | 平均斑块面积 |
| | | 生态系统服务功能价值 |
| | | 生态弹性度 |
| | 响应（R） | 景观破碎度 |

## 三、评价方法及步骤

### （一）标准化

将原始数据进行标准化处理。

若 $x_{ij}$ 为效益型指标（正向指标），则标准化过程如下：

$$X'_{ij} = \frac{x_{ij} - \min\limits_{1<i<m}(x_{ij})}{\max\limits_{1<i<m}(x_{ij}) - \min\limits_{1<i<m}(x_{ij})} \times 100 \tag{4.2}$$

式中，$m$ 代表指标的数量。

若 $x_{ij}$ 为成本型指标（反向指标），则标准化过程如下：

$$X'_{ij} = \frac{\max\limits_{1<i<m}(x_{ij}) - x_{ij}}{\max\limits_{1<i<m}(x_{ij}) - \min\limits_{1<i<m}(x_{ij})} \times 100 \tag{4.3}$$

### （二）指标权重确定

#### 1. 层次分析法计算主观权重

本书采用层次分析法进行主观权重赋值，赋值的范围为 1～9，通过专家打分来构建判断矩阵，计算第 $s$ 个准则层相对目标层的权重 $a^s$（$s$=1，2，3），及第 $s$ 个准则层下第 $j$ 指标对第 $s$ 个准则层的权重 $b_j$（$j$=1，2，…，$n$），那么

第 $s$ 个准则层下第 $j$ 个指标的相对权重为

$$c_j = a^s \cdot b_j \tag{4.4}$$

其中，指标权重向量 $\boldsymbol{c} = \{c_1, c_2, \cdots, c_n\}$。

在构建判断矩阵的基础上，要进行一致性检验。只有通过一致性检验阈值，才能表明权重分配科学，否则循环上一个步骤的内容。

2. 熵值法计算客观权重

熵值法作为一种重要的客观权重赋值的方法，对提升权重的科学性具有重要意义。具体的分析流程如下。

第一步，确定比重：

$$Y_{ij} = \frac{x'_{ij}}{\sum_{i=1}^{m} x'_{ij}} \tag{4.5}$$

第二步，熵值计算：

$$e_j = -\frac{1}{\ln m}\sum_{i=1}^{m} Y_{ij} \ln Y_{ij} \tag{4.6}$$

第三步，变异系数计算：

$$r_j = 1 - e_j \tag{4.7}$$

第四步，权重计算如式（4.8）所示。权重向量 $\boldsymbol{v} = \{v_1, v_2, \cdots, v_n\}$

$$v_j = \frac{r_j}{\sum_{j=1}^{m} r_j} \tag{4.8}$$

3. 组合权确定

本书通过乘法合成的归一化处理方式，将主观权重和客观权重整合，得到组合权重 $\boldsymbol{w}=\{w_1, w_2, \cdots, w_n\}$。其中，$W_i$ 计算方式如式（4.9）所示：

$$w_j = \frac{c_j v_j}{\sum_{j=1}^{m} c_j v_j} \tag{4.9}$$

## （三）计算加权标准差矩阵

计算加权标准差矩阵所示：

$$\boldsymbol{U} = (u_{ij})_{m\times n} = (w_j x'_{ij})_{m\times n} = \begin{bmatrix} u_{11} & \cdots & u_{1n} \\ \vdots & & \vdots \\ u_{m1} & \cdots & u_{mn} \end{bmatrix} \tag{4.10}$$

# 第五章　我国生态安全问题及保障机制研究

## 第一节　我国生态安全面临的形势和机遇

### 一、生态保护成效明显

长期以来，我国一直高度重视生态保护和建设工作。中华人民共和国成立初期，国家为了进一步开发资源和改善生产条件，针对退化土地形成了以开发带动治理的生态建设工程，如以开发“四荒”为目的的水土流失治理工程、为修建包兰铁路在沙坡头探索的“麦草方格”固沙治理措施等。1998 年的长江流域大洪水和 2000～2002 年我国北方地区的大面积沙尘暴天气，引起政府和公众对生态安全的重视。随着我国经济发展水平的提高，生态保护和建设的能力不断提升，政府和全社会对生态治理的投入力度也在不断加大，一系列大规模的生态治理工程开始得以实施。

“十二五”期间，天然林资源保护、退耕还林还草、退牧还草、防护林体系建设、河湖与湿地保护修复、防沙治沙、水土保持、石漠化治理等一批重大生态保护与修复工程稳步推进，生态保护取得了重要成效。全国森林覆盖率提高至 21.66%，森林蓄积量达到 151.4 亿立方米，草原综合植被覆盖度达到 54%，受保护的湿地面积增加 525.94 万公顷，自然湿地保护率提高到 46.8%。沙化土地治理 10 万平方公里、水土流失治理 26.6 万平方公里，岩溶石漠化治理区石漠化面积减少 96 万公顷，荒漠化和沙化状况连续三个监测周期实现面积“双缩减”。自然保护区增加至 2740 个，占陆地国土面积的 14.8%，超过 90%的陆地自然生态系统类型、89%的国家重点保护野生动植物种类及大多数重要自然遗迹在自然保护区内得到保护（张惠远等，2017）。

## 二、生态保护力度空前

2014年4月15日，中央国家安全委员会第一次会议首次提出“总体国家安全观”，并将生态安全作为国家安全的重要组成部分。2015年7月1日，第十二届全国人大常委会第十五次会议审议通过了《中华人民共和国国家安全法》。此外，我国先后修订了《中华人民共和国环境保护法》《中华人民共和国大气污染防治法》《中华人民共和国野生动物保护法》等，使保障生态安全的法律体系进一步得到完善。近几年，围绕自然资源资产管理、生态保护补偿、生态环境保护与管理等关键环节，国家先后推出《生态环境监测网络建设方案》《党政领导干部生态环境损害责任追究办法（试行）》《编制自然资源资产负债表试点方案》《开展领导干部自然资源资产离任审计试点方案》《生态环境损害赔偿制度改革试点方案》《关于健全生态保护补偿机制的意见》等制度政策，充分体现了国家全力保护生态环境的鲜明态度。《“十三五”生态环境保护规划》是“十三五”时期我国生态环境保护的纲领性文件，其中提出“以提高环境质量为核心，实施最严格的环境保护制度”，集中体现了以习近平同志为核心的党中央领导集体补齐全面建成小康社会生态环境短板的决心。

## 三、生态需求不断提高

良好的生态环境，是最公平的公共产品，是最普惠的民生福祉。随着经济发展和人民生活水平的提高，公众需求已经不再停留在吃饱穿暖的物质层面。人民群众对干净的水、清新的空气、安全的食品、优美的环境的要求越来越高，生态环境问题日益成为重要的民生问题。《中华人民共和国国民经济和社会发展第十三个五年规划纲要》也指出：“贯彻落实新发展理念、适应把握引领经济发展新常态，必须在适度扩大总需求的同时，着力推进供给侧结构性改革，使供给能力满足广大人民日益增长、不断升级和个性化的物质文化和生态环境需要。”建设生态文明，改善生态环境，是民之所望、政之所向。

党的十八大以来，党中央将生态文明建设提升到“五位一体”总体布局的战略高度，要求必须牢固树立创新、协调、绿色、开放、共享的发展理念。习近平在主持中共中央政治局第六次集体学习时强调：“要清醒认识保护生态环境、治理环境污染的紧迫性和艰巨性，清醒认识加强生态文明建设的重要性和必要性，以对人民群众、对子孙后代高度负责的态度和责任，真正下决心把环境污染治理好、把生态环境建设好，努力走向社会主义生态文明新时代，为人民创造良好生产生活环境。”[①]习近平在党的十八届三中全会上作关于《中共中央关于全面深化改革若干重大问题的决定》的说明时指出：“我们要认识到，山水林田湖是一个生命共同体，人的命脉在田，田的命脉在水，水的命脉在山，山的命脉在土，土的命脉在树。”[②]《中华人民共和国国民经济和社会发展第十三个五年规划纲要》将“生态环境质量总体改善”作为其主要发展目标之一，并提出 10 个资源环境类约束指标。这都体现了我党顺应人民群众对良好生态环境需求，对人民群众“盼环保”、“求生态”、提升“幸福感”的责任担当。《“十三五”生态环境保护规划》同时指出：“生态环境与人民群众需求和期待差距较大，提高环境质量，加强生态环境综合治理，加快补齐生态环境短板，是当前核心任务。”只有让良好生态环境成为全面建成小康社会普惠的公共产品和民生福祉，才能让人民群众在全面建成小康社会过程中享有更多的“获得感”。

## 第二节　生态保护工作亟须解决的关键问题

生态安全问题关乎经济发展、社会稳定、国民健康，更关乎民族和谐与国家的长治久安。虽然《国家环境保护“十二五”规划》实施基本顺利，但仍然存在一些关键性问题。随着经济下行的压力加大，发展与保护的矛盾更加突出，区域生态环境分化趋势显现，部分地区生态系统稳定性和服务功能下降，

① 习近平主持政治局第六次集体学习. http://news.12371.cn/2013/05/24/ARTI136939 7485200941.shtml[2020-07-06].

② 习近平：关于《中共中央关于全面深化改革若干重大问题的决定》的说明. http://news.12371.cn/2013/11/15/ARTI1384513621204530.shtml[2020-07-06].

统筹协调保护难度大，国际社会尤其是发达国家要求我国承担更多的环境责任。新形势下，我国生态安全呈现复杂多变、风险加剧、危害加重、影响深远的态势。

## 一、生态系统管理目标重数量轻质量

尽管近十几年来我国对生态保护与修复的投入力度不断加大，但其主要体现在规模的数量上，生态系统服务功能提升成效不明显，生态系统质量不高和服务功能整体不强，局部地区仍有下降趋势。我国中度及以上生态脆弱区域面积占全国陆地国土面积的 55%，荒漠化和石漠化土地面积占国土面积的近 20%，森林覆盖率由 21 世纪初的近 16.6%上升为 2015 年的 21.7%，但是森林系统低质化、森林结构纯林化、生态功能低效化、自然景观人工化趋势加剧，森林单位面积蓄积量只有全球平均水平的 78%。草地生态系统质量为低差等级的面积比例高达 68.2%，湿地面积每年减少约 510 万亩[①]。自然保护区面积已经占到陆地国土面积的近 15%，但是生态空间破碎化加剧，交通基础设施建设、河流水电水资源开发和工矿开发建设直接割裂了生物生境的整体性和连通性。例如，第四次大熊猫调查结果表明，由于人为干扰和自然隔离，大熊猫的栖息地被隔离成 33 个斑块（张惠远等，2017）。一方面，现阶段我国经济发展与生态保护的矛盾还很尖锐，工业化、城镇化、农业现代化的任务尚未完成，生态环境保护仍面临着巨大压力；另一方面，我国生态系统管理长期以来以生态问题为导向，以维持和提高生态系统数量和面积为目标，对提升生态系统质量和生态系统服务功能重视不够。在联合国千年生态系统评估（Millennium Ecosystem Assessment，MA）之后，国际上越来越多地认识到，生态系统对人类福祉的作用会直接体现在生态系统服务功能上，因此建议将生态系统服务作为生态系统管理的目标。

## 二、空间管制尚未形成统一合力

长期以来，我国逐步形成了以国民经济和社会发展规划、土地利用总体

① 1 亩≈666.7 平方米。

规划、城乡规划为主体的国土空间规划体系，在工业化、城镇化和农业现代化进程中发挥了重要作用。国民经济和社会发展规划主要负责“定目标”，提供发展的宏伟蓝图；土地利用总体规划针对土地资源利用做出综合部署，负责“定指标”；城乡规划旨在对建设用地做出战略部署和具体安排，解决“定坐标”的问题。2010 年，《全国主体功能区规划》发布实施，根据不同区域的经济社会发展水平、资源环境承载能力、未来发展需求，确定了不同的主体功能定位，形成以“两横三纵”为主体的城市化战略格局、以“七区二十三带”为主体的农业战备格局和“两屏三带”为主体的生态安全战略格局，成为我国国土空间保护与开发的总纲领。但是，由于不同部门之间的职能定位差别、国家和地方事权划分等问题，具体区域开发和保护的定位与管制措施常常不统一。基于不同的出发点，各类规划由不同部门牵头编制，自成体系、内容冲突、缺乏衔接，使得同一空间内存在多种监管目标约束、规划引导和管控要求，不利于对规划实施进行合理引导，难以发挥整体合力与综合管控作用。

## 三、生态保护修复工程缺乏系统性设计部署

我国生态保护实行多部门管理体制，水流、森林、草原等自然资源和生态要素分别由不同的部门管理，人为地割裂了自然资源之间的有机联系，不利于系统化保护和修复。虽然各个部门的生态保护工作都有所侧重，但是由于生态系统的复杂性及部门之间的协调机制不够健全，在现行的生态保护监管体制下，各类生态保护修复工程主要以部门为单位实施。各部门之间协调沟通不足，工程项目实施缺乏系统性、整体性考虑，种树的只管种树，治水的只管治水，护田的单纯护田，顾此失彼，容易造成对生态的系统性破坏，使统一监管虚而不实，生态整治修复效果不尽理想。此外，我国生态保护管理存在严重的部门重复、职能交叉情况，财政资金使用绩效亟待进一步提高。例如，在实际管理中，自然保护区、野生动植物、湿地等生态保护领域的部门职能交叉严重，难以对各种生态建设和保护规划进行统筹协调。

## 第三节 城市生态安全提升策略

### 一、政府层面

《"十三五"生态环境保护规划》构建了"十三五"时期生态环境保护的总体布局，明确了目标任务，提出了具体政策措施。为进一步提高生态保护和管理水平、落实"十三五"时期生态保护任务、实现维护生态安全的战略目标，结合当前生态系统管理的主要问题，需要特别关注以下几个方面。

#### （一）转变管理目标，全面提升生态系统服务功能

生态系统管理需要综合考量不同生态系统类型的经济社会需求、生态环境效益，平衡不同服务与社会需求之间的关系，使经济社会发展决策不损害生态系统的健康发展，以提高其多种服务能力。我国生态系统管理目标，应该尽快实现从"以增加面积为主"到"以提高单位面积的生态系统服务能力为主"的战略转变。按照《"十三五"生态环境保护规划》提出的"推进重点区域和重要生态系统保护与修复，构建生态廊道和生物多样性保护网络，全面提升各类生态系统稳定性和生态服务功能，筑牢生态安全屏障"的保护目标，建议着重把握以下几个方面：一是重点突出提升生态系统服务功能、增加生态产品供给、修复退化生态系统、维护生物多样性等方面，进一步细化生态安全指标；二是在任务方面，系统推进"两屏三带"国家生态安全屏障建设，推进山水林田湖系统修复，在关注治理率、覆被率等数量指标提高的同时，集中力量开展生态恢复与整治，大力推进生态系统的集约经营、生态系统服务功能的修复；三是全面掌握生态系统的构成、分布与动态变化，对生态系统服务功能进行定期评估，对监测数据、评价结果反映出的生态问题及时做出反馈，以及时调整恢复计划。

#### （二）严守生态保护红线，强化其在空间管制中的作用

只有划定并严守生态保护红线、优化国土空间开发格局、改善和提高生态

系统服务功能、强化生态空间管控，才能构建结构完整、功能稳定的生态安全格局，从而维护国家生态安全。中央深化改革领导小组第二十九次会议审议通过了《关于划定并严守生态保护红线的若干意见》。会议强调，要按照山水林田湖系统保护的思路，实现一条红线管控重要生态空间，形成生态保护红线全国“一张图”。生态保护红线是生态安全的底线，应当在划定生态保护红线的基础上，进一步构建起以生态安全屏障及大江大河重要水系为骨架、以国家重点生态功能区为支撑、以国家禁止开发区域为节点、以生态廊道和生物多样性保护网络为脉络的生态安全格局。在生态保护红线划定和管控过程中，以资源环境承载力为基础，重新认识和明确不同区域国土空间的功能定位，明确资源开发上限和生态保护红线，切实做到“应保尽保”，大力推动“多规合一”工作。把资源开发规划、城镇体系布局和生态环境保护规划落到一张图中，构建集约高效的生产空间、宜居适度的生活空间、山清水秀的生态空间，做到一张蓝图绘到底，不因决策者的变更而改变国土空间用途。此外，需要尽快研究、制定并实施与生态保护红线划定和管理相匹配的配套政策，落实主体责任与考核，完善生态补偿制度，建立环境准入制度，强化红线监管能力建设。需要加强生态保护红线的宣传教育力度，让红线不只画在图上，还画在决策者和人民群众的心里，促进管理者加深对“绿水青山就是金山银山”的理解，发挥地方政府和社会公众在红线落地与监管过程中的主体作用。

### （三）强化综合治理，实施山水林田湖生态保护修复工程

中共中央、国务院颁布的《生态文明体制改革总体方案》指出“按照生态系统的整体性、系统性及其内在规律，统筹考虑自然生态各要素、山上山下、地上地下、陆地海洋以及流域上下游，进行整体保护、系统修复、综合治理，增强生态系统的循环能力，维护生态平衡”。为贯彻党中央、国务院决策部署，2016 年 9 月，财政部、国土资源部、环境保护部三部门印发《关于推进山水林田湖生态保护修复工作的通知》，联合推动地方山水林田湖生态保护修复工作，包括矿山环境治理恢复、土地整治与污染修复、生物多样性保护、流域水环境保护治理、全方位系统综合治理修复等重点内容，对地方开展的跨区域重点生态保护修复加强统筹协调。这对探索生态保护修复长效机制、彻底改变生

态退化状况、保障国家和区域生态安全具有重要的意义。以“山水林田湖是一个生命共同体”的重要理念指导并开展工作，可以充分集成并整合资金政策，真正改变治山、治水、护田各自为战的工作格局。通过推进重点区域生态修复，全面提升各类自然生态系统稳定性和生态系统服务功能，筑牢生态安全屏障。《“十三五”生态环境保护规划》提出，“十三五”期间将组织实施国家生态安全屏障保护修复、国土绿化行动等14项山水林田湖生态工程，强化项目绩效管理；项目投入以企业和地方政府为主，中央财政予以适当支持。今后应以“两屏三带”等关系国家生态安全的核心地区为重点，开展生态修复治理。

### （四）探索统一监管，推进体制机制改革

生态环境是一体的两个方面。习近平总书记指出“我们要认识到，山水林田湖是一个生命共同体，人的命脉在田，田的命脉在水，水的命脉在山，山的命脉在土，土的命脉在树。由一个部门负责领土范围内所有国土空间用途管制职责，对山水林田湖进行统一保护、统一修复是十分必要的。”[①]山水林田湖生命共同体理论是一种综合性比较强的思想或方法。它要求按照生态系统的整体性、系统性及其内在规律，统筹考虑自然生态各要素并进行管控。这涉及资源管理和环境保护等多个部门，其有效运用和实施往往需要多个部门的沟通和协作。具体有：一是应该加快探索生态系统统一管理的体制机制，打破部门分割和区域分割的约束，形成管理的有效力量。二是明确生态保护与管理的责任，强化环境保护“党政同责”和“一岗双责”要求，明确各管理部门在生态保护修复工程实施与管理中的职责权限，形成协调统一的工作机制；明确国家与地方生态保护的事权与责任，加快国家公园体制建设，国家级自然保护区等重要生态保护区域由国家统一进行管理。三是将生态保护目标纳入经济社会发展和领导干部政绩考核体系中，全面推行《党政领导干部生态环境损害责任追究办法（试行）》和《生态文明建设目标评价考核办法》，探索编制自然资源资产负债表，加强对地方生态保护效益、生态破坏事件等评估考核，促进决策者执政观念的转变。

---

① 习近平. 关于《中共中央关于全面深化改革若干重大问题的决定》的说明. http://news.12371.cn/2013/11/15/ARTI1384513621204530.shtml[2020-07-06].

### （五）坚持绿色发展，让人民群众共享优良生态环境

坚持绿色发展是党的十八届五中全会提出的五大发展理念之一。在绿色发展理念的指引下，保护与发展的辩证统一关系进一步明晰，最终促进重要生态保护区域经济社会发展与生态环境保护相协调。生态环境保护离不开发展，只有发展才能为生态保护奠定坚实的物质基础，也只有通过发展才能更好地解决生态环境问题，其中的关键在于选择什么样的发展方式。绿色发展就是要坚持“绿水青山就是金山银山”，推动“绿水青山”向“金山银山”的转变。生态保护重点区域应当立足丰富的生态资源优势，制定符合生态功能定位的产业正面清单和不利于生态环境保护的产业负面清单，推动生态资源优势向经济优势转变，促进经济结构调整与转型升级，进而推动区域国民经济持续增长和民生持续改善。同时，生态保护政策和措施应当进一步兼顾区域经济发展和改善民生需求，将生态保护系列工程与扶贫工程结合，完善生态保护补偿机制、加大生态保护补偿力度，建立资源环境产品与生态系统服务交易平台和市场化途径，进一步推动区域经济社会可持续发展，让生态保护的红利早日显现，使人民群众共享绿色发展带来的幸福生活。

## 二、公众层面

生态环境遭到破坏及国家生态安全受到损害都是由民众或其构成的社会主体的不当行为所引起的。一个地区生存条件的恶化，会由于人口流动和产业转移等而加剧其他地区的生存压力。生态环境遭到破坏所带来的危害，不仅局限于某个地区、某个部门或某些人群，影响的是整个国家的利益，是全体公民的利益。因此，维护国家生态安全不仅是生态脆弱地区或国家生态问题管理部门的责任，还是全社会共同的责任，也是全社会共同的义务。

### （一）树立全民生态安全意识

要让全社会都关心生态环境，必须树立和培养全民生态安全意识、生存意识、人口意识、资源意识、环境保护意识，注意发挥道德的力量，在全社会倡导为人类持续发展而约束自己的道德精神。生存是人类最基本的需求，在人类众多需求中是处在第一位的。因此，保证人类的生存与发展是我们的第一价值

原则。而人类的生存取决于生态系统的稳定和秩序。因此，维护生态系统的正常运行是人类的第一道德原则。也就是说，每个人都应该有生存与发展的权利，同时也具有维护和促进他人生存的义务。如果其行为影响了他人的生存就是应该受到谴责。从这个意义上讲，无论是一个地区、一个部门、一个企业的活动，还是一个人的生产和生活，如果对生态环境造成危害，其行为和活动就是不道德的。

生态安全和环境改善关系着每个人的利益，关系着整个国家的安全，所以关注生态环境本身就体现着关注他人、关注后代、关注国家命运，具有很强的道德意义。关注生态环境是热爱集体、热爱国家、热爱人类精神的具体体现。我们必须建设和发展社会主义生态文明，力求使之与社会主义的物质文明、政治文明、精神文明同等重要，逐步将个人行为对环境和生态的影响纳入道德规范。树立生态道德观念，提倡生态伦理精神，发展生态文化产业，改变以往只把自然当成劳动对象和资源对象的错误认识，树立人与自然和谐相处、良睦互动的现代环境保护意识。全民生态安全意识的确立，可以使一些花钱也很难解决的生态环境问题免费得到解决。

公民的生态安全意识是一种重要的社会力量，它为政府制定和实施生态环境政策起着监督、支持、促进作用。因此，只有把保护生态转化为每个公民的行为准则，国家生态安全才会有坚实的基础。

近些年我国环境保护的最大成就是全民环境保护意识的不断提高，环境保护的一切进展都与此相关。但同时也看到，环境保护方面最大的障碍还是全民环境保护意识不够强，环境保护的一切问题也都与此相关。客观地说，在日益严重的生态危机面前，经过多年的宣传教育，我国全民生态安全意识已经有了明显增强，但还远远不够。一是人们对直接关系自己生活的小环境危害关切较多，而对与日常生活中联系不太紧密的野生动物保护、耕地减少、森林破坏、荒漠化、水土流失、海洋污染等的关切程度明显较低；二是虽然生态安全意识水平提高了，但对生态环境保护的参与意识还比较薄弱，对个人的作用及应承担的责任认识不清；三是不同地区、不同社会阶层对生态环境问题的认识程度差距较大。因此，维护国家的生态安全、改善生态环境，还必须进一步唤醒人们的生态安全意识，树立生态安全观念。

当前，要在全社会开展生态安全教育和宣传，使每个公民都能了解生态安全的基本常识，了解我国生态安全的基本情况，特别是要使大家看到我国生态安全的薄弱环节和危机因素，增强公民保护生态环境的紧迫感，进一步明确保护生态环境是公民的基本义务。

生态安全教育与可持续发展教育要从小抓起，要在中小学教材中充实有关生态道德教育和生态环境保护的基本内容，让“尊重自然、保护生态”成为广大青少年乃至全民的自觉行动。让所有爱护生命、关注人类未来命运的人，在日常生活中时时刻刻、处处都珍惜每一滴水、每一度电、每一升油、每一棵树、每一块草坪、每一片土地，善待那些与人类共同享有自然的生灵。

当前，要实施好联合国教科文组织发起的环境人口与可持续发展教育项目，让更多的师生参与到这项有益的活动中来。建立规范的渠道，方便公民向生态建设提供资金、物质等方面的支持。维护和促进国家生态安全，除了要增强公民生态安全意识、在日常生产和生活中有意识地主动减少对环境的污染以外，对生态脆弱地区和严重的环境污染，必须进行专门的治理，这就需要大量的投入。

这种投入必须调动各种社会力量参与，但很多社会投入是分散的，单个的公民或团体很难直接组织或参与生态环境治理项目的实施。因此，必须建立多种渠道，使各方力量都能有适当的途径参与生态环境建设中去。近些年由有关部门发起的“绿色希望工程”等项目都取得了很好的效果。由中国共产主义青年团中央委员会、林业部、水利部等八部委联合倡议并发起组织的“保护母亲河行动”，通过“5 元捐棵树”“200 元捐植一亩林”“200 元捐治一亩坡地改梯田”等方式，建立“保护母亲河基金”，使那些关心生态事业的个人和组织找到了贡献力量的方式与渠道。此类活动应当大力鼓励和支持。

### （二）鼓励公众广泛参与生态安全建设

生态保护涉及广泛的社会群体，需要全社会积极参与，这也是以德治国方略和社会主义民主政治的具体体现。生态环境保护与可持续发展的意识高低体现了国家和民族的文明程度。生态文明是精神文明和政治文明在新时期的一种表现形式。此外还应该看到，生态环境保护这样社会性很强的问题只靠政府的努力是远远不够的，要全面提高国民的生态保护和生态安全意识，在保障社会稳定的基础上，动员新闻媒介、产业界、科研文化界、非政府组织、社会团体、社区组织和公民个体等社会力量，补充和支持政府的生态环境保护工作。保护生态环境需要调整社会消费心理和行为，也需要公众承担一定的经济责任，这些都需要公众的理解和支持。

1. 持续开展生态安全警示教育，提高全民生态安全意识和忧患意识

生态安全警示教育的目的是把我国生态安全的真实状况及其可能造成的危害告诉人民，唤醒全民族特别是决策层的生态安全意识和忧患意识，激发广大干部群众的紧迫感和责任感，有利于国家生态安全战略得到更广泛和深刻的理解与支持。通过电视、广播、报刊、网络、展览、书籍等各种形式加大生态安全警示教育的力度，把有关内容渗透到基础教育、高等教育、职业教育、专业培训和党校及行政学院教育之中。要增加对生态安全问题报道的深度，分析与揭示深层次的原因，引导公众进行思考和讨论。将循环经济、生态文明、环境文化的思想作为社会主义文化和道德建设的重要内容，使中华民族的珍爱自然、人与自然和谐相处的传统美德在新时期发扬光大。要把节约资源、保护环境的观念渗透到精神文明建设的细节之中，通过乡规民约、社区守则、公民道德纲要等具体形式广泛普及。在全社会大力提倡适度消费、可持续消费和绿色消费，反对不合国情和时代特征的资源能源浪费型消费。

2. 大力推行环境标志产品、有机食品，促进有益于节约资源、保护环境的消费行为

在学校、社区等各类公共场所张贴保护生态环境的公益广告，新闻媒体广泛宣传，开展生态保护的宣传教育活动。积极推进生态文化的发展，在文学、戏剧、影视等各种艺术形式中鼓励有利于生态保护和可持续发展的作品发表，为保护生态环境营造良好的舆论氛围。在各类学校和城市社区创建绿色学校、绿色社区活动，使生态文明、生态伦理的道德观念深入人心，成为新世纪社会发展的新时尚。

3. 国家推行的政务公开为公众参与生态环境保护提供了平台

在此基础上，要进一步扩展生态环境信息公开的范围，加强舆论导向和公

众监督。各级政府要面向公众开展生态环境保护科学知识培训，引导公众关注生态环境问题，推动公众参与生态环境违法行为的监督工作。针对突出的环境问题，动员和支持开展生态环境保护志愿者活动。实行政务公开，提高生态环境信息的透明度，既要公开区域生态环境质量，也要公开政府和企业的生态环境行为，为公众了解和监督生态环保工作提供必要条件。要通过生态环境听证会等制度和措施，鼓励公众在生态环境保护政策规划制定和开发建设项目的实施之前、实施过程之中、实施效果评估时发表意见与建议。这些意见应该受到应有的重视。信息公开和公众参与要充分发挥媒体的作用，让公众更多地了解生态环境信息，通过媒体反映公众生态意愿，发挥舆论对环保工作和破坏生态环境行为的监督作用。

4. 整合环保民间力量，维护国家生态安全

在条件具备的情况下，适当发展环境保护的社会组织是必要和可行的。我国环境保护民间组织数量众多，有些已经初具规模并发挥了积极作用，在国际上也有一定影响力，应当积极引导，使之配合政府在保护环境方面发挥积极作用。积极整合各种环境保护的社会组织，使之形成合力，成为政府管理环境的有力助手。特别是在一些污染严重地区，群众意见比较大，应该通过一些群众和社会组织多做一些工作。这是党和国家推进社会主义政治文明建设的重要环节，是群众自我教育的好形式，也可以减轻政府的负担和压力。

5. 积极推动公众生态安全及其权益的维护

公民的生态权益是社会力量参与生态保护的动力和重要形式。相对于经济社会发展水平，我国公民维护生态权益的意识和能力比较薄弱，应该扩大生态环境知情权、监督权、索赔权等。加快制定保护公众生态权益的法律和制度，优先考虑制定污染赔偿救济和生态环境纠纷调解的法律。积极开展环境法制教育，增强公众维护自身生态权益的意识。强化行政诉讼，重视审理环境纠纷中的民事诉讼案件，通过法律途径寻求救济，保护公民的生态权益。全面开通并有效运行生态环保举报专线，积极实行有奖举报制度。通过各种措施，使保障生态安全成为全社会每个公民的自觉行动。

## 第四节 保障措施

### 一、法制保障

#### （一）中央层面加速推进生态安全法律制度体系顶层设计

我国从中央到地方的生态保护红线规范性文件法律效力普遍较低。作为我国首创的环境区域管理制度，生态保护红线并无国外先例可循，对它的规定可以基于立法技术，参照过往资源与环境制度逐步建构的过程，依据我国当前环境形势进行。

基于《中华人民共和国立法法》，我国广义上的法存在以下从高到低的效力位阶：宪法、法律、行政法规、地方性法规、部门规章与地方性规章。其中地方性法规与省级部门规章效力无分高低。地方性法规在实践中往往滞后于部门规章，并以其为指导性文件。《中华人民共和国立法法》还通过制定主体的不同，将法律细分为基本法律与基本法律以外的其他法律。《中华人民共和国环境保护法》在我国环境保护领域占据核心基础地位。吕忠梅认为，其是我国环境保护法律体系的基本法，是其他环境保护相关立法的基础，如《中华人民共和国大气污染防治法》《中华人民共和国水污染防治法》《中华人民共和国野生动物保护法》《中华人民共和国核安全法》等。《中华人民共和国立法法》规定了下位法与上位法的相违，也给予了上位法更多的事项规定权限，赋予了及全国人大常委会变通的权力。

#### （二）地方生态安全制度因地制宜落地

在司法部建立的国家法律法规数据库中，地方生态保护红线的法律文件只有两个，分别是作为地方性法规的《海南省生态保护红线管理规定》与作为地方政府规章的《沈阳市生态保护红线管理办法》，其余都是政府政策性文件，约束力极弱。

生态保护红线区具有较强的地域匹配性与生态环境匹配性，有较高的差异化管理需求。地方政策跟随中央政策，从本地实际情况出发，因地制宜地制定细化的制度实施办法，有利于生态保护红线的顺利落地，同时在不断本地化完善的过程中将政策法制化，提高生态保护红线相关规范的法律效力。

### （三）定期进行法律与政策性文件的专项清理

近几年，生态安全格局的快速推进带动了各地的生态安全文件的印发。随着中央对生态安全格局要求的细化，地方也在不断对制度进行更新、创新。这是制度发展完善的必经阶段，但也需要注意现行文件的高频出台可能会引起与正在生效的文件的矛盾，增加制度的不确定性。

## 二、行政保障

在土地利用生态安全格局实施的过程中，应该从整体性出发，由市级相关职能部门及相关县（区）协同规划、共同建设，在用地需求上给予优先保障，协调生态安全建设与人类活动的空间冲突。成立生态安全保护的专门管理部门，维护生态安全格局，综合协调各行业及各级政府部门以促进区域生态安全格局更好地管理和优化；县域、乡镇、村分解落实生态安全格局的各项目标，明确生态“源地”、生态廊道的功能和边缘，在确定具体地块的开发建设中设计指导原则和制定指标，按照县域土地利用总体规划来统筹安排相关的生态用地，保障生态环境也保障建设用地需求，同时对破坏林地、湿地和草地等危害生态安全的建设项目要进行严格的审批，通过土地管理的手段对土地利用生态安全格局进行有效保护。

## 三、资金保障

### （一）建立以政府为主导的多元化生态安全投融资体制

环境保护的投资主体包括政府、污染者和其他以营利为目的的经济主体。从环境保护的公益性质和发达国家的经验来看，政府必须在生态安全投资中发挥主导作用。首先，要按照公共财政的要求，切实担负起环境保护投资主体的责任，在国家和地方各级财政中建立环境保护预算科目。各级预算科目的资金额度要根据环境保护五年计划对政府的投资要求来安排，并与各级财政收入保持同步增长。为环境保护融通社会资金是我国现阶段投融资机制创新的重要方向。组织和引导各种投融资活动，充分发挥以营利为目的的经济主体的投资作用，利用市场机制，建立健全商业化融资手段和环境经济手段。在工业污染防治领域，要坚持污染者负担的原则，企业承担全部治理成本，政府在政策和技术方面给予必要的扶持。对于中小企业污染防治融资面临的特殊困难来说，根据发达国家经验，国家应该建立专门的扶持性融资机制。具体做法是，在国家建立的中小企业发展基金和扶持中小企业发展专项资金中，分别设立中小企业污染防治专项。同时，在环境保护专项资金下建立中小企业环境保护资金专项。这些专项资金可以用于中小企业污染防治补助、贷款贴息、商业贷款担保等。

### （二）政府在城市环境基础设施建设方面发挥主导投资作用

国外的经验表明，无论是过去，还是正在积极建立公共部门与私人部门伙伴关系的今天，没有任何一个国家是主要依靠民营投资建立城市环保基础设施体系的。但在设施运营及垃圾收集、转运等方面，可以全面实行市场化运作方式。农业生产中的环境保护应该采取政府财政补贴与农民投入相结合的方式。鉴于政府对农业的环境补贴属于许可的“绿箱政策”，国家应该把环境保护作为农业补贴的重点领域。对可以明确责任对象的农业面源污染、畜禽和水产养殖业污染防治，应该由污染者付费或负责治理，政府给予政策支持。对重要生态功能区和自然保护区保护、国际环境履约、环境管理能力建设等领域，应该以政府投资为主体。对有一定效益的生态保护项目，要鼓励社会投入，政府给予政策扶持。积极开拓国际多边资金引进渠道，为我国的环境保护筹集更多的资金。

# 第六章　大连市生态安全格局评价

## 第一节　研究区域概况

大连市位于东北地区辽东半岛的南端，具有重要的地理和战略地位。作为亚欧大陆桥的重要枢纽，大连市已经成为东北地区重要的港口城市。大连市特殊的地理位置使其社会经济发展水平、速度和健康程度表现出自身独特的特点。

### 一、经济发展状况

经济发展和工业化水平具有很强的阶段性，不同阶段的产业发展具备不同的特征，很难实现超越性发展。下面通过三个指标来评判大连市的经济发展阶段，分析工业化、城市化的发展态势和互动阶段。

#### （一）人均 GDP 指标评价（钱纳里多国模型）

人均国内生产总值（gross domestic product，GDP）是一个国家（或地区）按人口平均的产出水平，是生产率水平的直接反映，表征了一个国家（或地区）生存和发展的基础，以及实现工业化的前提条件。

著名经济学家 H. 钱纳里（H. Chenery）等把经济增长理解为经济结构的全面转变，并借助多国模型提出了标准模式，即根据人均 GDP 收入水平，将从不发达工业经济到成熟工业经济的整个变化过程分为 3 个阶段、6 个等级。钱纳里的工业化进程判断标准被广泛地应用于国家和地区，几乎所有涉及工业化和经济发展阶段的理论与实践都要提到钱纳里多国模型。

按照平均的美元汇率换算为 1998 年价格，人均 GDP 在 1200（含）～2400

（含）美元的为工业化初期阶段；在 2400～4800（含）美元的为工业化中期阶段，4800～9000（含）美元的为工业化后期阶段。人均 GDP 达到 4800 美元是产业发展到工业化中期阶段、进入工业化后期阶段的一个节点，9000 美元是工业化后期阶段向后工业化阶段转变的一个重要节点。

如图 6.1 所示，2017 年大连市人均 GDP 按照平均的美元汇率换算为 1998 年的价格约为 12 504.12 美元，处于后工业化阶段。

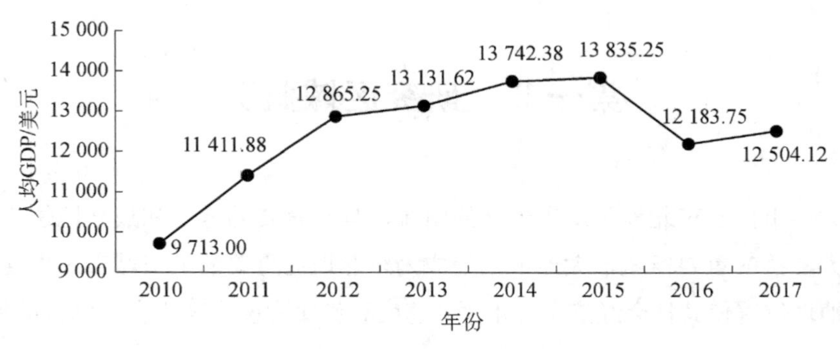


图 6.1　大连市人均 GDP 年际变化

## （二）产业结构发展指标评价（库兹涅茨法则）

美国经济学家库兹涅茨通过整理和分析几十个不同类型国家几十年的经济发展过程，对各国经济总量和经济结构的变化做了细致分析，揭示了产业结构和工业化阶段的密切联联。从三大产业占 GDP 的比重变化来看，在工业化初级阶段，第一产业产值的比重较高，第二产业产值的比重较低。随着工业化的推进，第一产业产值的比重持续下降，第二产业产值的比重迅速上升，而第三产业产值的比重只是缓慢提高。当第一产业产值的比重降到 20%以下且第二产业产值的比重高于第三产业产值，第二产业产值在 GDP 构成中比重最大时，工业化进入了中期阶段；当第一产业的比重降到 10%左右，第二产业产值的比重升到最高水平时，工业化发展到了后期阶段，此后第二产业产值的比重转为相对稳定或有所下降。

2017 年，大连市第一产业产值占 GDP 的比重为 6.4%，第一产业产值的比重降到 10%以下，第二产业产值的比重为 41.5%，第三产业产值的比重为 52.1%（大连市统计局，2018）。且考虑到第二产业产值的比重比第三产业产值的比重低，由此判断大连市的经济处于工业化后期阶段。

## 二、经济运行状况

据《大连统计年鉴（2018）》的统计数据，大连市的 GDP 呈逐年持续增长趋势，人均 GDP 也日益增长。2017 年，大连市全年 GDP 为 7363.9 亿元，较上年增长 7.1%。其中，第一产业增加值为 477.1 亿元，增长 4.4%；第二产业增加值为 3052.6 亿元，增长 8.3%；第三产业增加值为 3834.3 亿元，增长 6.4%。三大产业结构为 6.4∶41.5∶52.1，对经济增长的贡献率分别为 4.2%、49.7% 和 46.1%。按常住人口计算，人均 GDP 为 105 387 元，较上年增长 7.1%。

### （一）财政收支增长快速

2017 年，全年地方一般公共预算收入为 657.6 亿元，较上年增长 7.5%，其中税收收入为 515.3 亿元，增长 5.9%。一般公共预算支出为 919.8 亿元，较上年增长 5.7%，其中用于教育、社会保障、医疗卫生、住房保障等民生方面的支出为 679.3 亿元，占全部支出的 73.8%。

### （二）物价指数有所上涨

全年居民消费价格较上年上涨 2.1%，其中消费品价格较上年上涨 1.3%，服务价格较上年上涨 3.6%（表 6.1）。工业生产者出厂价格较上年上涨 4.6%。工业生产者购进价格较上年上涨 9.8%。

表 6.1　居民消费价格总指数

| 指标 | 指数* | 指标 | 指数* |
| --- | --- | --- | --- |
| 居民消费价格总指数 | 102.1 | 生活用品及服务 | 102.3 |
| 其中：消费品价格指数 | 101.3 | 交通和通信 | 101.3 |
| 服务价格指数 | 103.6 | 教育文化和娱乐 | 105.7 |
| 其中：食品烟酒 | 100.7 | 医疗保健 | 106.9 |
| 衣着 | 101.0 | 其他用品和服务 | 101.2 |
| 居住 | 101.2 | | |

* 以上年价格为 100 计

### （三）固定资产投资保持较快增长

2017 年，固定资产投资 1652.8 亿元，较上年增长 15.1%。其中，建设项目投资 1086.1 亿元，增长 20.5%；房地产开发投资 566.6 亿元，增长 5.9%。按产业划分，第一产业投资 22.3 亿元，增长 4.4%；第二产业投资 598.6 亿元，增长 59.6%；第三产业投资 1031.9 亿元，下降 0.8%。全年房地产开发施工面积为 4477.9 万平方米，较上年下降 3.8%；竣工面积 294.1 万平方米，增长 53.2%。商品房销售面积为 839.8 万平方米，增长 18.7%，其中住宅销售面积为 758.2 万平方米，增长 15.8%。商品房销售额为 866.3 亿元，增长 30.9%，其中住宅销售额为 759.6 亿元，增长 27.3%。

### （四）消费品市场协调快速发展

2017 年，社会消费品零售总额为 3722.5 亿元，较上年增长 9.2%。全年限额以上批发和零售业实现零售额 859.6 亿元，较上年增长 16.4%。其中，粮油、食品类零售额 72.0 亿元，增长 13.6%；饮料类零售额 8.3 亿元，增长 15.9%；烟酒类零售额 13.9 亿元，增长 3.6%；服装、鞋帽、针纺织品类零售额 93.6 亿元，下降 6.1%；化妆品类零售额 14.9 亿元，增长 8.6%；金银珠宝类零售额 15.1 亿元，增长 0.8%；日用品类零售额 26.7 亿元，增长 6.4%；五金、电料类零售额 5.2 亿元，增长 13.9%；家用电器和音像器材类零售额 42.9 亿元，增长 3.9%；中西药品类零售额 80.9 亿元，增长 4.2%；文化办公用品类零售额 7.2 亿元，增长 5.7%；家具类零售额 5.4 亿元，增长 7.8%；通信器材类零售额 65.1 亿元，增长 108.8%；石油及制品类零售额 122.6 亿元，增长 8.3%；建筑及装潢材料类零售额 3.2 亿元，增长 13.3%；汽车类零售额 250.1 亿元，增长 30.5%。全年限额以上单位通过公共网络实现零售额 85.7 亿元，较上年增长 69%。

### （五）对外经济贸易逐渐增加

全年新增外商投资企业 185 家，新增合同外资额 149.48 亿美元。实际利用外资总额 1000 万美元以上的外资项目 17 个，其中投资超亿美元的项目 4 个。实际使用外商直接投资 32.5 亿美元，较上年增长 8.2%。全年自营进出口总额 4132.2 亿元，较上年增长 21.7%。其中，进口 2386.4 亿元，增长 33.6%；出口 1745.8 亿元，增长 8.5%。机电产品出口 688.9 亿元，下降 11.3%，占 39.5%。一般贸易出口 652.9 亿元，增长 13%，占 37.4%。民营企业出口 578.7 亿元，增长 17.9%，占 33.2%。

## 三、工业发展现状

### （一）工业结构现状

在振兴东北老工业基地的大背景下，大连市加快产业结构调整，优化产业布局，为加快推动新型工业体系建设确立了石化、装备制造、船舶制造、电子信息四个支柱型产业，工业经济得到快速发展。《大连统计年鉴（2018）》的统计数据显示，2017 年全部工业增加值 2485.9 亿元，较上年增长 9.5%。规模以上工业增加值较上年增长 11.2%。规模以上工业中，国有控股企业增长 11.7%，民营控股企业增长 8.6%，外商控股企业增长 30%；高技术产业增加值增长 50.8%，装备制造产业增加值增长 21.1%，战略性新兴产业增加值增长 16.5%。全年规模以上工业企业主要产品产量中，原油加工量 2233.5 万吨，较上年下降 14.5%；发电量 441.9 亿千瓦时，较上年增长 8.6%；粗钢 111.8 万吨，较上年下降 17.6%；钢材 170.8 万吨，较上年下降 10.2%；水泥 642.7 万吨，较上年下降 7.3%；汽车 22 479 辆，较上年下降 60%，其中新能源汽车 1115 辆；滚动轴承 10 781 万套，较上年增长 8.6%；民用钢质船舶 158.2 万载重吨，较上年增长 33.9%；起重机 2.7 万吨，较上年增长 13.5%；铁路机车 271 辆，较上年增长 68.3%；数字激光音、视盘机 188.4 万台，较上年下降 23.2%。全年规模以上工业企业产品销售率 98.58%，较上年提高 0.66 个百分点。主营业务收入 5194.4 亿元，较上年下降 4.2%；利税总额 631.1 亿元，较上年下降 9%；利润总额 350.9 亿元，较上年增长 15.8%。资质以上建筑业总产值 872.5 亿元，较上年下降 12.9%。其中，公有制企业 209.1 亿元，较上年下降 0.5%；非公有制企业 663.4 亿元，较上年下降 16.2%。

### （二）工业布局现状

通过企业搬迁和布局调整，大连全市工业逐渐向城乡接合部、开放先导区和重点工业园区集中。目前，“一城一岛十区”“两区一带”已经成为产业发展的集中区域。

1. “一城一岛十区”

“一城”即以开发区和金州区为主的大连市新城区，其将建设成为大连市工业特别是开放型工业的主体。“一岛”即长兴岛，将建设成为综合性深水港口及大型临港产业区。“十区”即旅顺经济开发区、双岛湾石化工业区、甘井子工业园区、三十里堡临港工业区、登沙河临港工业区、海湾工业区、松木岛化工园区、瓦房店工业园区、皮杨陆岛经济区、花园口经济区，其将发展成为临港临海沿路的新兴工业区、大连市的工业增量的集中成长区和支撑县域经济快速发展的主要增长极。

2.“两区一带”

“两区一带”是指依托大窑湾的港口和保税功能，建设以发展汽车整体配套为重点的装备制造产业聚集区；依托大连湾北岸深水岸线资源，建设以发展大型装备及部件为重点的装备制造产业聚集区；依托渤海深水岸线，建设发展以造船业为重点的船舶和海洋工程及配套产业带。随着渤海岸线韩国 STX 造船项目、新加坡万邦集团的造船和海洋工程项目等的开工建设，中集集团投资的海洋工程项目前期工作全面启动，国家战略石油储备基地一期主体工程完成，中国石油天然气集团有限公司保税仓库一期投产，大连湾临海区域形成了海洋工程、船用曲轴和风电设备等重型装备产业集群。

### （三）产业发展现状

1. 产业结构不断优化

2017 年，大连全市的都市现代农业综合发展指数居全国第四位，工业逐步迈向中高端，新兴产业聚集区快速崛起。石油化工、造船、机车、轴承、制冷设备等产业的生产规模保持或跃居全国同行业第一位，云计算、储能产业、电子信息制造、新能源汽车等新兴产品、产业从无到有、做强做优。规模以上工业增加值由 1985 年的 39.6 亿元跃升至 2017 年的 1703.1 亿元。如果不考虑价格因素，则 2017 年的数值是 1985 年的 43 倍（新浪大连，2018）。其中，装备制造产业增加值占规模以上工业比重于 2017 年提高到 47.8%。2018 年，大连市被国务院评为“推动中国制造 2025、促进工业稳增长和转型升级成效明显市”，其中对服务业的关注度已达前所未有的程度。2007 年，大连市成为全国首批 3 个“中国最佳旅游城市”之一。2017 年，大连市接待海外过夜游客 106.4 万人次。大连市是全国第一批 10 个国家软件产业基地之一、6 个国家软件出口基地之一、第一个服务外包基地城市，软件和信息服务业已经成为大连市的一张亮丽名片。大连软件园是全国最早的软件园之一，创立 20 多年来，软件产值从 2 亿元达到千亿元级规模，服务对象遍布全球（新浪大连，2018）。大连华信计算机技术股份有限公司、文思海辉技术有限公司、东软集团（大连）有限公司连续多年居全国软件服务外包行业前三位。

2. 创新驱动深入实施

科技创新投入不断增加。2017 年，大连市全社会研究与开发（R&D）经费内部支出达到 164.2 亿元，是 2005 年的 7.4 倍，年均增长 18.1%。R&D 经费占 GDP 比重突破 2%，达到 2.2%，比 2005 年提高 1.2 个百分点，高于全国平均水平 0.1 个百分点（大连新闻网，2019）。创新型城市建设加快，大连市先后获批建设“三网融合”试点城市、国家创新型试点城市、国家首批智慧城市和知识产权示范城市、国家自主创新示范区等。2017 年年底，大连市拥有国家级重点实验室 5 个、工程技术研究中心 4 个，省级重点实验室 114 个、工程技术研究中心 112 个，市级重点实验室 95 个、工程技术研究中心 97 个（大连新闻网，2019）。科技成果不断涌现，一批具有自主知识产权的关键技术和核心部件助力国防、航空航天事业：首艘国产航母在大连下水，高端船舶及海上钻采装备规模化、系列化生产能力形成，世界先进的大型自由电子激光科学研究装置“大连光源”建成运行，500 米口径球面射电望远镜关键设备、核电关键大型设备、高铁轴承等领域取得重大技术突破。2017 年，全年专利申请量 13 784 件，其中发明专利申请量 6103 件；每万人有效发明专利申请量 16.27 件；专利授权量 7768 件，其中发明专利授权量 2604 件（大连市统计局，2018）。

3. 新生动能茁壮成长

近年来，大连市抢抓新一轮世界科技革命和产业变革机遇，持续深化供给侧结构性改革，持续推进大众创业、万众创新，新旧动能加快接续转换。2017 年，大连市高技术产业、战略性新兴产业增加值较上年分别增长 50.8%和 16.5%，占规模以上工业增加值比重分别达 17.3%和 17.5%。“互联网+”广泛融入各行业，电子商务、移动支付、共享经济等快速发展。2017 年，大连市线上企业通过公共网络实现商品零售额较上年增长 69%；快递业务量达到 1.2 亿件，较上年增长 30.9%。全面深化“放管服”改革，大力优化营商环境，大众创业、万众创新蔚然成风。同济大学创业谷、弘信创业工场等知名平台相继在大连市落户，大连高新技术产业园区、中国科学院大连化学物理研究所入选“国家双创示范基地”。2017 年，大连市新登记各类企业 3.9 万家，平均每个工作日新增 156 家（大连新闻网，2019）。

## 四、农业结构现状

大连市虽然已经进入工业化后期阶段，但农业仍在全市经济中居重要地位。一方面，满足了农业人口粮食和畜牧的需要，供应城镇 70%以上的蔬菜和大部分副食品；另一方面，向全国各地供应果品和水产品。2017 年，农林牧渔及其服务业总产值为 983.2 亿元，较上年增长 4.5%。其中，农业产值 287.0 亿元，较上年增长 7.5%；林业产值 8.7 亿元，较上年下降 4.3%；牧业产值 186.9 亿元，较上年增长 24.8%；渔业产值 413.4 亿元，较上年下降 0.5%；农林牧渔服务业产值 87.2 亿元，较上年增长 9.3%。全年粮食总产量 122 万吨，平均每公顷单产 4501 千克，分别较上年下降 8.3%和 8.4%。水果总产量 178.3 万吨，较上年下降 3.7%。蔬菜及食用菌总产量 178 万吨，较上年下降 17.6%。肉产量 71.7 万吨，较上年增长 1.2%。蛋产量 24.8 万吨，较上年增长 4.0%。奶产量 5.7 万吨，较上年增长 5.6%。地方水产品总产量 247.1 万吨，较上年下降 1.5%。全年植树 1129 万株，营造林 5667 公顷。育苗面积 3102 公顷，生产苗木 1.55 亿株。森林覆盖率达到 41.5%，林木绿化率达到 50%。全年新建各类水源工程 389 项，新增调蓄水能力 74.7 万立方米；新增节水灌溉面积 2253 公顷，改善灌溉面积 3560 公顷。2017 年年底，大连全市累计建成都市型现代农业园区 95 个，“三品一标”有效认证（登记）1047 个（无公害），市级及以上名牌农产品 86 个。市级及以上农业龙头企业 214 家，农民专业合作社示范社 142 家，示范家庭农场 43 家。全年农业机械总动力 237.7 万千瓦，农业综合机械化水平达 78.7%（大连市统计局，2018）。

## 五、产业发展现状

大连市积极调整经济结构，稳固农业基础，做大做强工业，着力发展服务业。改革开放后，大连市大力推进经济结构战略性调整，使产业结构逐步优化升级，三大产业协同向好。

### （一）产业结构不断优化

中华人民共和国成立以前，农业在大连市的经济中占比高，工业及服务业基础薄弱。中华人民共和国成立后至 1978 年，随着工业化持续推进，工业占比特别是重工业占比大幅提升。全市农业、轻工业、重工业的产值构成比例由 1949 年的 45.6∶29.2∶25.2 调整为 1978 年的 12.8∶26.4∶60.8（大连市人民政府，2019）。当时普遍存在重生产、轻流通、轻服务的经济指导思想倾向，改革开放以前，第三产业发展较滞后，1978 年时第三产业增加值仅占 GDP 的 18%（大连市人民政府，2019），经济增长主要由第二产业拉动。改革开放以来，随着生产力发展水平的不断提高，以及供给结构改革、收入水平和消费水平的提升，第三产业得到充分发展，经济增长逐步转向由第二、第三产业共同拉动。2014 年，大连市的第三产业发展已经呈现迅速发展的趋势，第三产业的比重达到近 50%，成为三大产业中的龙头产业。2015 年，第三产业比重首次超过 50%。三大产业结构由 1978 年的 16.2∶65.8∶18.0 转变为 2018 年的 5.7∶42.3∶52.0（大连市人民政府，2019）。

### （二）农业基础更加稳固

中华人民共和国成立以前，大连市的农业生产条件落后，产出水平低下。中华人民共和国成立以后，通过加大农业基础建设投入，农村经济得到快速恢复和发展，农业基础地位逐步稳固。按可比价格计算，大连全市农村社会总产值在 1978 年是 1949 年的 5.5 倍，年均增长 6.1%（大连市人民政府，2019）。改革开放以来，大连市深化家庭联产承包责任制为核心的农村经济体制改革，持续加大对“三农”投入，极大地解放和发展了农村生产力，使农业综合生产能力不断提升，农村经济快速发展，由粗放型的传统农业向农林牧渔业协调发展的现代高附加值农业转变。第一产业的产值从 20 世纪 80 年代的 13.2 亿元增长到 2018 年的 874.1 亿元，增长水平相对较高。但是第一产业的比重在三大产业中的比重也在持续下降，从 71.3%下降到 29.2%。农业机械化得到长足发展，2018 年大连全市农业机械总动力为 233.6 万千瓦，农业综合机械化水平达 80.3%（大连市人民政府，2019），农业生产效率大幅提高，极大地解放了人力，加快了城市化进程。党的十八大以来，都市型现代农业发展迅速，形成了生态农业、高效农业、都市农业、品牌农业和旅游观光农业融合发展的新格局。2017 年，大连全市都市现代农业综合发展指数居全国第四位，持续位居全国 35 个大中型城市的前列。大连市先后建成大樱桃、蓝莓、蛋鸡、海参、扇贝、鲍鱼六大生产基地，农业标准化覆盖率 85%以上，8 个产品入选全国名特优新农产品名录（大连市人民政府，2019），大连的海参、鲍鱼、大樱桃、苹果获得国家地理标志认证和全国农产品区域公用品牌。

### （三）工业基地全面振兴

中华人民共和国成立以前，大连市的工业生产装备落后，技术水平低下，产品品种较少，产量、产值较低。中华人民共和国成立以后，大连市对工业企业恢复和改造力度加大，工业经济逐步走上稳步、健康、协调的发展轨道，为新中国构建现代工业体系做出了突出贡献。大连全市工业总产值 1978 年达到 68.1 亿元，是 1949 年的 27.5 倍，年均增长 12.1%（大连市人民政府，2019）。改革开放以来，大连市通过加快建立现代企业制度，积极实施工业结构战略性调整，推进企业在计划经济向市场经济转轨过程中由生产型向生产经营型转变。大连市的石油化工、造船、机车、轴承、制冷设备等产业的生产规模保持或跃居全国同行业第一位。我国第一艘万吨轮、第一艘潜艇、第一艘导弹驱逐舰、第一艘航空母舰、第一座深海钻井平台、第一台大功率内燃机车、第一套核工业轴承均出自大连，大连被誉为中国“机车摇篮”“轴承摇篮”。规模以上企业工业总产值由 1979 年的 63.2 亿元跃升至 2018 年的 6555.1 亿元。不考虑价格因素，大连市 2018 年的是 1979 年的规模以上企业工业总产值数值的 103.7 倍（大连市人民政府，2019）。党的十八大以来，大连市着力实施《中国制造 2025 大连行动计划》，工业逐步迈向中高端，新兴产业快速崛起，云计算、储能产业、电子信息制造、新能源汽车等新兴产品、产业从无到有、由弱到强、由强到优。2018 年，大连市规模以上企业工业增加值占全省近三成，总量和增速均列辽宁省各市第一位，其中高技术产业增加值占比 16.1%，较上年增长 39.7%（大连市人民政府，2019）。大连市于 2018 年和 2019 年分别被授予“推动中国制造 2025、促进工业稳增长和转型升级成效明显市”和“促进工业稳增长和转型升级、实施技术改造成效明显的地方”称号。

### （四）服务业蓬勃发展

中华人民共和国成立初期至改革开放前，大连市的服务业发展相对缓慢、滞后。服务业的发展与国家的改革开放政策密不可分，国家的旅游业、物业产业和金融业等的发展推动了现代服务业的快速发展。2018 年，大连市的服务业增加值由 1978 年的 7.6 亿元增加到 3984.2 亿元，按可比价格计算，年均增长 11.8%。2007 年，大连市成为全国首批 3 个“中国最佳旅游城市”之一。2018 年，大连市接待国内游客 9288.1 万人次，旅游总收入 1440.0 亿元。瓦房店跨境电商物流产业园、铁成物流园入选国家优秀物流园区，大连广告产业园区晋升为国家级产业园区。2018 年，大连市引进金融及融资类机构 109 家，金融业增加值占 GDP 比重为 8.8%（大连市人民政府，2019）。大连商品交易所成为全球最大的农产品、塑料、煤炭和铁矿石期货市场，铁矿石期货交易国际化。国内首船期货原油在大连港交割，国内首笔铁矿石期货保税业务在大连港落地。大连市是全国第一批 10 个国家软件产业基地之一、6 个国家软件出口基地之一、第一个服务外包基地城市、第一个软件知识产权保护示范城市，先后获得“软件产业国际化示范城市”“国家软件出口基地”“全国信息化试点城市”“电子商务示范城市”“服务外包基地城市”等称号。2018 年，大连市有服务外包企业 1199 家，从业人员 16 万人；离岸服务外包执行金额 16.4 亿元（大连市人民政府，2019）。大连华信计算机技术股份有限公司、文思海辉技术有限公司、东软集团（大连）有限公司连续多年居全国软件服务外包行业前三位。

## 六、自然生态条件

### （一）地理位置

大连市地处欧亚大陆东岸、辽东半岛最南端，位于东经 120°58'～123°31'、北纬 38°43'～40°12'，总面积 13 237 平方千米，下辖 7 个区、1 个县，代管 2 个县级市，东濒黄海与朝鲜对望，西临渤海与华北为邻，南与山东半岛隔海相望，北依东北平原。大连市具有重要的地理和战略地位，作为亚欧大陆桥的重要枢纽，已经成为东北地区重要的港口城市。

### （二）地形地貌

大连市多山地丘陵，少平原低地，整个地形北高南低，北宽南窄，地势由半岛中部轴线向东南侧的黄海及西北侧的渤海倾斜，黄海一侧长而缓。大连市平均海拔约 50 米，山地与平地之比为 4∶1。

土地构成为“六山一水三分田”，土壤类型有棕壤、草甸土、风沙土、盐土、沼泽土和水稻土 6 个土类，其中棕壤面积占土壤总面积的 81.5%，其次草甸土面积占土壤总面积的 10.9%。

大连市的主要山脉为长白山系、千山山脉余脉，境内主要山峰有庄河步云山（1132 米，大连市境内的最高峰）、华尖子山（818 米）、万家岭（788 米）、大黑山（664 米，大连市区内最高峰）、老铁山（465 米）、歪头山（405 米）等。

### （三）水文地质

大连市境内以古老的前震旦系和震旦系地层为主，古生界的寒武系、奥陶系，中生界的侏罗系及新生界的第四系地层也有少量分布，有始太古界变质杂岩、古太古界变质地层和新太古界以来的沉积盖层及各构造岩浆期的侵入岩、喷出岩等。大连市地质构造复杂，有四条大型活动性断裂——金州大断裂、碧流河断裂、庄河断裂、东岗—张家屯断裂。构造变形分为韧性和脆性两个构造层次的伸展、逆冲、走滑构造系统，表现有长期的地质发展演化史。

大连市的地下水大多属于岩溶水、基岩裂隙水或第四纪孔隙水。岩溶水主要分布在大连港、南关岭、周水子一带的石灰岩、泥灰岩和白云岩的岩溶之中。由于地处张扭性断裂带附近及构造体系的复合部位，岩溶比较发育，水量也较丰富。基岩裂隙水分布于金州、旅顺、庄河、瓦房店等地。由于沉积岩层多呈互层状，形成闭合的风化裂隙，层间裂隙细小（如碎石壳岩类），或因岩性软硬不一，浅部风化裂隙发育，富水性差（如变质岩类），因而水量不大。第四纪孔隙水主要分布在沿河的一级台地、河漫滩或沿海的海积浅滩、海积平原等的沙砾石层中，水量有限。

### （四）气候气象

大连市位于北半球的暖温带地区，大气环流以西风带和副热带系统为主，属于海洋性特点的暖温带大陆性季风气候，冬无严寒，夏无酷暑，四季分明，季风盛行。大连市多年的年平均气温为 8.8～10.5℃，夏季平均气温为 22℃左右，春秋两季的平均气温分别为 8～9℃和 11～13℃。全市气温最低月在 1 月，平均气温为-5℃左右，最高气温在 8 月，平均气温为 24℃左右。多年极端最高气温为 35℃左右，极端最低气温南部为-21℃左右，北部为-24℃左右。无霜期为 180～200 天。

大连市年平均日照时数为 2500～2800 小时，日照率平均为 60%。冬季日照时数最少，春季最多，秋季多于夏季。

大连市地处东亚季风区，沿海地区每年 6 级及以上大风天数达到 90～140 天，内陆地区为 35～50 天。风速、盛行风向随季节转换而有明显变化。冬季盛行偏北季风，夏季盛行偏南季风，春季、秋季是南风、北风转换季节，大气扩散能力在我国东部地区处于较高水平。

受大陆性季风和海洋性气候共同影响，大连市多年平均年降水量为 720 毫米。降雨时空分布极不均匀，东北部地区多于西南部地区，庄河市年降水量为 774.2 毫米，金普新区、长海县和普兰店区年降水量一般不足 600 毫米，降水量年内分区悬殊（图 6.2）。降水量年内分配悬殊，6～9 月占全年降水量的 75%，1～5 月占 15%～16%，10～12 月占 9%～10%。最大月降水量多出现在七八月份。

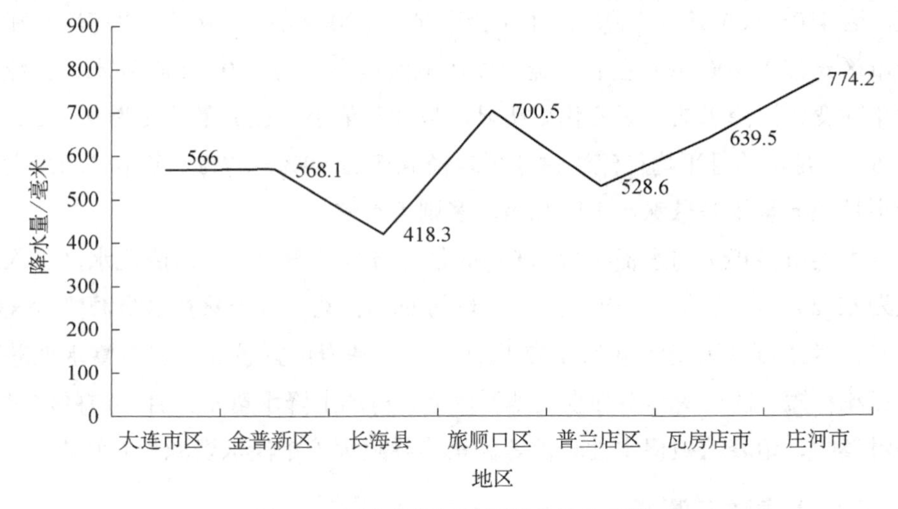


图 6.2　大连市多年平均降水量分布图

大连市多年的年平均蒸发量为 1553 毫米，蒸发量由东向西递增。东部地区年平均蒸发量为 1300～1500 毫米，南部及中部地区年平均蒸发量为 1500～1700 毫米；西部地区气候干燥、湿度低，年平均蒸发量为 1800～1950 毫米。蒸发年内分配主要受气温、风力在年内变化影响，冬季的蒸发量最低，春季气温回升，空气干燥，多大风，故蒸发量最大，约占全年蒸发量的 30%左右。

大连市年平均相对湿度为68%。全年最大相对湿度出现在7月，达86%以上，4月为全年相对湿度最小季节，平均相对湿度为56%。

### （五）水资源

大连市境内现有大小河流200余条，多为季节性河流。集水面积在20平方公里以上，且独流入海河流57条。集水面积在100平方公里以上的独流入海河流共有23条，其中汇入黄海和渤海的河流分别为15条和8条。河流集水面积在1000平方公里以上的3条、500～1000平方公里的2条、100～500平方公里的18条。境内大部分河流流程短，河床坡度大，集流时间短，因此大多在暴雨后洪水暴涨，无雨时河床干涸。

大连市各流域径流量的地区分布、年际变化和年内变化极不均匀，差异很大。径流深分布不均，自东向西渐小，同纬度黄海、渤海两岸呈梯度渐小，最大相差近350毫米。庄河市的英那河至地窨河一带年径流深是大连全市最高值，达450～500毫米；碧流河中下游一带为300～350毫米；复州河流经瓦房店市区一带为200毫米左右；金州以南地区最小，为150～200毫米。径流量的年际变化比降水的年际变化更明显，最大和最小年径流量的比为9～15。年内6～9月份的月平均径流深占年平均径流深的80%～87%。多年平均最大、最小月径流量相差悬殊，少则几倍，多则上百倍。

大连市多年平均水资源量为91.96亿立方米。境内主要河流汇水区降水总量为63.24亿立方米，占全境降水总量的69%。地下水天然补给资源量为8.84亿立方米，可开采资源量为4.07亿立方米。基岩出露较高、岩层富水性差，河流流程短、径流快等不利水文地质因素，再加上降水量不大且年内降水时段相对集中、地表植被保水性较差等因素，导致大连市淡水资源相对缺乏。

### （六）海洋资源

大连市辖区范围内的海洋总面积为29 476平方公里。其中，浅海海域面积为28 480平方公里，滩涂面积为520平方公里。全市有岛屿226个，总面积为409平方公里，其中500平方米以上的岛屿有146个。全市有港湾30余处，深水岸线近300公里。全市有海洋自然景观百余处、海水浴场资源50余处。海水水温为-1～27℃，盐度为25‰～32‰。海洋资源丰富，海洋生物共有3大类172科414种，鱼、虾、贝、藻等经济生物及海洋、滨岸、岛屿珍稀生物种类繁多，资源量大。

### （七）陆生动植物资源

大连市的环境宜人，自然环境优越，动植物生长环境较好，资源丰富。

1. 陆生植物资源

大连市目前野生及常见的植物共有1812种，占东北地区植物物种的近63%，具有经济价值的有1000种左右，比重达到本地植物物种总数的66.5%。国家级珍稀濒危植物16种，其中一级珍稀濒危植物2种，如植物人参；二级珍稀濒危植物3种，如鹅掌楸；三级珍稀濒危植物11种，如核桃楸、天女花、珊瑚彩。省级珍稀濒危植物26种，其中二级珍稀濒危植物4种，如白玉山蔷薇；三级珍稀濒危植物19种。市级珍稀濒危植物21种，其中二级珍稀濒危植物5种、三级珍稀濒危植物16种。

2. 陆生动物资源

大连市有环境指示意义的动物148种，具有经济价值的有1529种，占东北地区动物物种的52.5%。黑咀鸥为世界级珍稀濒危动物。国家级珍稀濒危动物78种，其中国家一级珍稀濒危动物13种，如朱鹳、丹顶鹤；二级珍稀濒危动物65种，如灰鲸、长须鲸。国家级Ⅰ类优先保护动物3种，如中华鲟、松江鲈；国家级Ⅱ类优先保护动物7种，如蛇岛蝮蛇、海参、皱纹盘鲍、栉孔扇贝。

3. 外来有害物种

作为重要的贸易口岸，大连市已经成为外来有害物种侵袭的重灾区，目前已经发现的外来物种有美国大蠊、苹果棉蚜、豌豆象、美国白蛾、皱果苋、香铃草、圆叶牵牛、曼陀罗、豚草、牛膝菊、假高粱、美国刺果瓜等10余种（大连市环境总体规划编制领导小组，2015）。

## 七、生态环境状况

### （一）空气环境质量现状

2015年，大连市区可吸入颗粒物（$PM_{10}$）年均值为81微克/米$^3$，超过空气质量二级标准 0.16 倍，较上年下降 5%；市区细颗粒物（$PM_{2.5}$）年均值为 48 微克/米$^3$，超过空气质量二级标准 0.37 倍，较上年下降 9%；市区二氧化硫年均值为 30 微克/米$^3$，符合空气质量二级标准，与上年持平；市区二氧化氮年均值为 33 微克/米$^3$，符合空气质量二级标准，较上年下降 15%。

2015 年，大连市区自然降尘年均值为 10 吨/（公里$^2$・30 天），较上年上涨 35.14%，工业废气排放量为 2847 吨，同比下降 39.2%。大连市区空气质量为优的天数为 50 天，为良的天数为 220 天，轻度污染的天数为 70 天，中度污染的天数为 15 天，重度污染的天数为 7 天，严重污染的天数为 3 天。市区优的天数较上年减少 19 天，良的天数增加 7 天，污染天数增加 12 天。各测点中，周水子点位污染天数所占比例最大（37.2%），旅顺点位污染天数所占比例最小（23.4%）。市区空气中首要污染物以 $PM_{2.5}$ 和臭氧为主（大连市生态环境局，2016）。

## （二）水环境质量现状

碧流河水库、英那河水库、朱限子水库、转角楼水库、松树水库和刘大水库等 6 处集中式生活饮用水水源地水质良好，各项评价指标均符合地表水Ⅲ类标准及补充项目、特定项目的标准限值。

碧流河、英那河、大沙河、登沙河、庄河及复州河等 6 条主要河流的 21 个监测断面中，Ⅰ类水质断面占 9.5%，Ⅱ类水质断面占 47.7%，Ⅲ类水质断面占 19.0%，Ⅳ类水质断面占 19.0%，无Ⅴ类水质断面，劣Ⅴ类水质断面占 4.8%（大连市生态环境局，2016）。

各主要河流中，碧流河、大沙河、庄河的水质为优；英那河入海口断面水质为轻度污染，主要污染指标为高锰酸盐；登沙河杨家断面水质为轻度污染，主要污染指标为总磷和氨氮；登沙河登化断面水质为轻度污染，主要污染指标为总磷、氨氮和化学需氧量；复州河复州湾大桥断面水质为轻度污染，主要污染指标为化学需氧量；复州河蔡房身大桥断面水质为重度污染，主要污染指标为总磷、氨氮和化学需氧量。英那河入海口断面、登沙河杨家断面、复州河复州湾大桥断面和蔡房身大桥断面水质超出功能区标准。

全市近岸海域共布设 57 个海水监测站位，其中渤海海域有站位 22 个、黄海海域有站位 35 个。监测结果表明：大连市近岸海域海水质量良好。从全年监测平均结果来看，符合Ⅰ类海水水质标准的海域面积有 18 274 平方公里，占全市管辖海域总面积的 63.0%；符合Ⅱ类海水水质标准的海域面积有 8659 平方公里，占全市管辖海域总面积的 29.9%；符合Ⅲ类海水水质标准的海域面积有 1182 平方公里，占全市管辖海域总面积的 4.1%；符合Ⅳ类海水水质标准的海域面积有 503 平方公里，占全市管辖海域总面积的 1.7%；劣Ⅳ类海水水质标准的海域面积有 382 平方公里，占全市管辖海域总面积的 1.3%（大连市生态环境局，2016）。海水中主要污染物为无机氮和活性磷酸盐。

泊石湾、傅家庄、星海湾、塔河湾和仙浴湾海水浴场水质优良率为 100%，金石滩海水浴场水质优良率为 97%，棒棰岛海水浴场水质优良率为 92%，大黑石海水浴场水质优良率为 92%，夏家河子海水浴场水质优良率为 85%。个别海水浴场水质差的原因是溶解氧偏低（大连市生态环境局，2016）。

2015 年，大连市工业废水排放量为 34 564.7 万吨，较上年下降 3586.0 万吨，下降率为 11.58%。化学需氧量排放量为 19 313.0 吨，氨氮排放量为 2312.50 吨，石油类排放量为 85.18 吨，挥发酚排放量为 3.49 吨，氯化物排放量为 0.03 万吨（大连市生态环境局，2016）。

### （三）固体废弃物排放现状

2015 年，大连全市工业固体废弃物产生量为 517.85 万吨，工业固体废弃物综合利用量为 398.32 万吨，处置量为 110.20 万吨，贮存量为 9.33 万吨，利用率为 76.92%（图 6.3）。

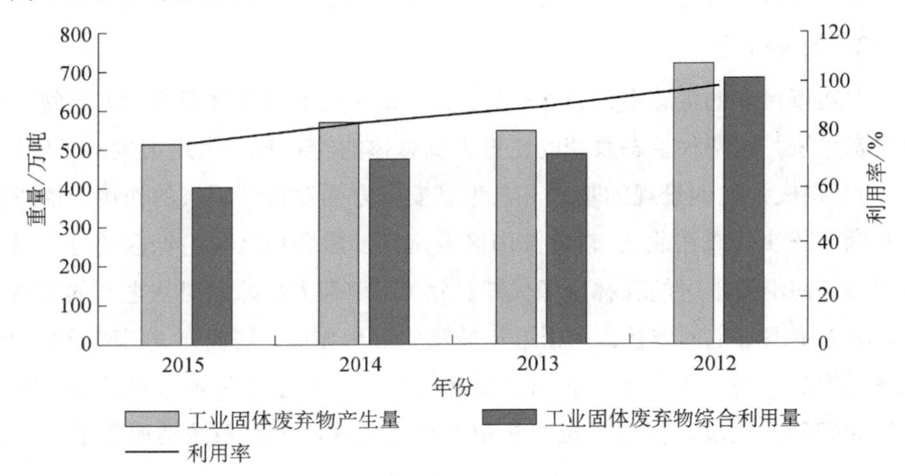


图 6.3　固体废弃物利用

大连市2015年危险固体废弃物产生量为10.5万吨，较上年减少25 857吨（大连市生态环境局，2016）。

### （四）生态环境现状分析

1. 生态区位

大连市地处欧亚大陆东岸，中国东北辽东半岛最南端，东濒黄海，西临渤海，南与山东半岛隔海相望，北依东北三省及内蒙古东部广阔腹地。在全国生态功能区划中，大连市没有国家级重要生态功能区，大连市的庄河市、瓦房店市及普兰店区的东部属于辽东半岛丘陵农产品提供三级功能区，生态保护的方向为保护基本农田，加强农田基本建设，发展无公害农产品、绿色食品和有机食品；其他县（市、区）属于辽中南城镇群人居保障三级功能区，生态保护的方向为加快城镇环境保护基础设施建设、加强城乡环境综合整治、建设生态城市。

在辽宁省生态功能区划中，大连市陆域部分的主导生态功能为土壤保持或污染控制；生态保护的重点方向为天然植被的保护和恢复，以及水污染的防治和控制。

大连市具有独特的地理位置、优越的自然生态条件和广泛分布的湿地，成为东北亚大陆候鸟迁徙的主要通道和繁殖地。辽宁蛇岛老铁山、庄河滨海湿地和四湾滨海湿地为万余只候鸟的迁途停歇、取食提供了良好的条件，因此重要湿地资源的保护成为大连市生态保护的重要内容。

2. 景观格局

大连市目前的生态系统总体较好，其中最突出的是森林资源生态系统和农田生态系统。这两种生态系统的比重占到总体的约66%（大连市生态环境局，2016），也成为陆地景观的基质，在生态安全方面发挥着巨大的作用。面积较大的森林斑块分布在北三市[①]北部山区及南部的旅顺口区和主城区的过渡带，西部和东南沿海地区的森林资源欠缺。北部、南部大型绿地斑块之间的连通性差，缺乏生态廊道的连接。由于近年城镇化进程加快，居民点、工矿及交通用地逐渐增加，挤占了草原、农田、森林用地。一些小山体被削平改造，加剧了景观破碎化程度，降低了斑块复杂性和连通度，生态系统结构趋于简单。

① 指庄河市、普兰店市和瓦房店市。

3. 森林资源

大连市的森林资源丰富，全市现在有林面积 783.0 万亩，其中生态公益林 430.6 万亩、商品林 352.4 万亩，分别占有林面积的 55%和 45%。全市活立木总蓄积量为 530 万立方米，森林覆盖率为 41.5%，城市建成区绿化覆盖率达到 43.3%，人均公共绿地面积为 11.5 平方米。林业用地面积、活立木蓄积量、林木绿化率、林分质量等均稳步提升。但森林资源中，天然林仅占 10%，且 97%分布在北三市。龄组结构中，幼龄林和中龄林的比重超过 90%，且树种单一、混交林少，森林资源质量有待提高（大连市生态环境局，2016）。

4. 湿地资源

大连市三面环海，海滨的自然环境造就了其丰富的湿地资源。庄河河口及碧流河河口滩涂湿地，蛇岛、双岛湾湿地，瓦房店三台湿地，普兰店皮口镇湿地等均是大连市重要的湿地资源。除沿海湿地外，大连市陆域湿地资源也非常丰富，面积约为 72 万亩。目前，全市被列为国家级湿地自然保护区的有 4 个，即辽宁蛇岛老铁山国家级自然保护区、辽宁城山头海滨地貌国家级自然保护区、辽宁仙人洞国家级自然保护区、辽宁大连斑海豹国家级自然保护区，其中辽宁大连斑海豹国家级自然保护区还被列入国际重要湿地名录。市级湿地自然保护区有 4 个，即大连三山岛海珍品资源增养殖市级自然保护区、大连金石滩海滨地貌市级自然保护区、大连长山列岛珍贵海洋生物市级自然保护区。保护区的建立为湿地资源和生物多样性的保护创造了良好的条件。近些年，由于围海造地、盐田开发、过度捕猎、捕捞、大量废水排放等活动，导致沿海部分湿地遭受破坏，芦苇等湿地植被、丹顶鹤等鸟类明显减少，金州登沙河、庄河明阳镇、普兰店城子坦镇沿岸湿地均受到不同程度影响。

5. 生物多样性

大连市的气候非常宜人。目前，野生及常见的植物有 1812 种，占东北地区植物物种的近 63%，具有经济价值的有 1000 种左右，比重达到本地植物物种总数的 66.5%。大连市被国家定为珍稀濒危植物的物种有 16 种，被辽宁省定为珍稀濒危植物的物种有 26 种，被大连市定为珍稀濒危植物的物种有 21 种。全市有无脊椎动物约 4850 种，其中野生脊椎动物约 765 种。全市有国家级珍稀濒危动物 78 种，其中一级珍稀濒危动物 13 种、二级珍稀濒危动物 65 种（大连市生态环境局，2016）。

目前，全市共建成自然保护区 12 个，其中国家级自然保护区 4 个、省级自然保护区 1 个、市级自然保护区 7 个，属湿地自然保护区 5 个。国家级森林公园 9 个，省级森林公园 5 个，省级及以上风景名胜区 3 个，地表水水源保护区 12 个。自然保护区、森林公园、风景名胜区及地表水和饮用水水源保护区陆域总面积为 9035.11 平方公里，占全市土地面积的 68.25%（大连市生态环境局，2016）。

6. 水土流失

大连市属千山余脉，多山地丘陵，地貌呈鱼脊型，坡陡水急，极易造成水土流失。全市土壤中现有轻度侵蚀面积 4156 平方公里、中度侵蚀面积 1254 平方公里、强度侵蚀面积 178 平方公里、极强度侵蚀面积 31 平方公里。主要表现为水力侵蚀，风蚀和重力侵蚀较局限，重力侵蚀以破坏力极强的突发性泥石流为主。水力侵蚀主要分布在北山市，约占全市水土流失面积的 88.9%，其中碧流河和复州河两流域水土流失面积占全市水土流失面积的 30%。每年土壤侵蚀量为 1180 万吨左右，平均土壤侵蚀模数为 2100 吨/（公里$^2$·年）（大连市生态环境局，2016）。

7. 矿山治理

大连市矿产资源丰富，目前已经发现金属、非金属矿产及地热矿泉水资源等近 30 种、500 余处（大连市生态环境局，2016），其中非金属矿产中的石灰石、硅石、金刚石、石棉、菱镁矿、滑石等均具有一定的经济价值。其中，大连市金刚石探明储量为全国总储量的 54%左右，主要分布在瓦房店市境内，石灰石矿集中分布在甘井子区和瓦房店市一带，金属矿产主要分布在庄河市、普兰店区。

全市矿山地质环境严重区和较严重区的面积分别为 4116 公顷和 3091 公顷，主要分布在甘井子区和金州区西部地区，主要是石英岩矿和碳酸盐岩建筑材料类矿山（大连市生态环境局，2016）。近年来，大连市对矿山地质环境问题很重视，矿山地质环境治理较超前，并取得了较显著的成效。对甘井子区泡崖居住区废弃石矿、鞍钢集团有限公司石灰石矿的治理工程均为近些年的治理工程。2007 年，大连市对其所属矿山进行了整合，大部分矿山被关闭，186 处矿山闭坑。整合后，甘井子区仅剩余 1 处矿山，旅顺口区仅剩余 29 处矿山，金州区仅剩余 49 处矿山，共剩余 79 处矿山。目前，全市共有废弃矿山 779 个，其中位于重要交通干线两侧、生态敏感区、居民生活区及重要工业园区周边的 130 个，亟待进行治理；甘井子区和旅顺口区由于矿山开采对自然景观破坏严重，恢复治理任务艰巨；碧流河水库上游保护区范围内（营口境内）有 5 家金矿采选企业和 6 座尾矿库，这些对碧流河水库的水质安全构成了严重威胁，需要重点治理（大连市生态环境局，2016）。

8. 海水入侵

大连市地表水资源短缺，导致地下水超采严重、海水入侵现象较突出，尤其是金州区、甘井子区、旅顺口区北部滨海地带，海水入侵有加重趋势。海水入侵纵向最大深度为 7 公里，金州—甘井子—旅顺（388.8 平方公里）及炮台—复州湾—谢屯（229.6 平方公里）海水入侵呈面状，相互连接贯通（大连市生态环境局，2016）。海水入侵直接影响地下水的水质，使地下水中矿化度和含盐量升高。用这样的地下水灌溉农田，将使土壤次生盐渍化，导致作物生长受到伤害。目前，大魏家街道、牧城驿等地区土壤均呈盐渍化。开展以减少地下水开采、防止海水入侵、加强地表水源涵养为内容的水资源保护和开发利用战略至关重要。

9. 外来物种入侵

大连市属于北温带气候，适合许多外来动植物生存，而日益增长的国际贸易及旅游业为外来物种入侵增加了携带途径。目前，大连市已经被生态环境部列入外来物种入侵地区。近年来，毒腰鞭毛虫、豚草、一枝黄、麝香田鼠、巴西红耳龟、美国白蛾等外来物种在大连市时有发现。国际海事组织中国项目在大连市进行港口生物调查，发现了 4 种非本地的藻类，其中就有能够引起赤潮的浮游生物——有毒腰鞭毛虫。豚草是我国首批公布的 16 种外来入侵危害物种之一，具有极强的生长和繁殖能力，干扰作物生长，传播病虫害。豚草在大连市周边也生长。加拿大一枝黄又称“黄莺”，原产于北美地区，对其他植物具有绝杀功能，被称为“霸王花”，会对农业、林业及生态产生严重影响。1996 年前后，大连市普兰店区莲花湾部分村民引进麝香田鼠这种外来动物进行人工饲养，后来由于没有销路而将麝香田鼠放生野外。麝香田鼠迅速繁衍开来，已经给莲花湾一带造成数万元的经济损失。在大连市庄河市石城岛还发现了繁殖力极强、会导致水质恶化的巴西红耳龟。大连市防范外来物种入侵的责任重大而艰巨。

10. 土壤环境

对于大连市土壤的重金属污染来说，大部分地区属于无污染，少部分地区属于轻污染，但土壤汞（Hg）污染在大连市区较普遍，苯并芘（BaP）污染达中度乃至重污染程度；分布地区特点为城市重于农村，大连市区高于其他县（市）。部分沿海地区氯（Cl）存在超标现象。土壤污染的主要原因是过去的污水灌溉累积，造船厂、化工厂的废气排放，以及地下水超采引发的海水入侵。土壤污染具有隐蔽性、滞后性和自然恢复时间长的特点，需采取积极措施，保护土壤环境，治理土壤污染。

11. 辐射环境

对大连市区电磁辐射环境的监测结果显示，近年来，大连市区电磁辐射环境质量良好，整体相对稳定。

大连市拥有密封放射源企事业单位 45 家、非密封源单位 5 家，放射源总数为 518 枚。密封放射源企事业单位中，有辐照中心 2 家，生产含源装置企业 4 家，医疗机构 7 家，工业探伤企业 5 家，工业测厚、料位控制企业 19 家，高等院校 2 家，检测分析机构 6 家。从放射源的危害程度来看，有一类源 154 枚、二类源 48 枚、三类源 3 枚、四类源 146 枚、五类源 167 枚，涉及核素 20 种，总活度 157 万居里。有 31 家单位取得或正在取得辐射安全许可证，还有 11 家单位未取得许可证。据不完全统计，全市有射线装置单位约 200 家，射线装置约 500 台。（大连市生态环境局，2016）。

## 第二节　数据来源与研究方法

### 一、数据类型及预处理

#### （一）卫星 RS 数据

本书的 RS 数据为 2008 年的美国陆地资源卫星—增强型主题成像（Landsat

ETM+）卫星 RS 数据，来自中国科学院中国遥感卫星地面站。该图由陆地卫星 7 号的 ETM+数据（波段组合为 4、5、3）和地球观测实验卫星（Satellite Probative Pour 1 Observation de la Terre，SPOT）全色数据复合而成。交通道路、街道、机场等信息清晰，山区植被信息丰富。

### （二）土地利用数据

对研究区 2001 年 1∶5 万的土地利用矢量数据进行重投影、属性编辑，根据研究区的自然地理状况和土地覆盖分类体系，并参考 RS 数据的分辨率特征，将大连市景观分为以下 6 个基本类型。

（1）耕地：以农业活动为主的各种农田类型，包括水田、旱地、园地等，具有明显的人工经营管理特征。

（2）林地：具有较好的植被覆盖状况，郁闭度高，主要包括生长良好的乔木林地、高郁闭度的灌木林地、以乔木为主的城市绿地、苗圃地等。

（3）绿地：是指主要以草本植物为主的土地覆盖类型。

（4）建设用地：由不透水面组成的各种土地覆盖类型，包括城市建设用地、乡村建设用地、大面积的水工建筑设施和其他类型的建设用地。

（5）水体：指天然形成的水域，包括河流、湖泊、沟渠和水库。

（6）湿地：包括海岸湿地、库塘湿地、河流湿地、沼泽湿地。

### （三）DEM 数据

数字高程模型（digital elevation model，DEM）数据由美国地质勘探局 DEM 资源（USGS DEM Resources）数据库下载获得，网址为 https://earthexplorer.usgs.gov/。基于以上方式，本书得到空间分辨率 90 米的大连市数字高程模型。

### （四）气象数据

本书获取了 1999～2015 年研究区及周边各气象站点图的月平均温度和月平均降水量数据。通过计算得到各气象站点的年平均气温和年平均降水量，并采用三维二次趋势面的方法对研究区所需的气候指标进行插值。趋势面法考虑了经度、纬度、海拔对气象要素的影响，能够很好地反映气温场随经度、纬度、海拔等大地形因子的变化趋势，特别是多年平均气温数据。

### （五）NDVI

本书所用 NDVI 数据来自美国国家航空航天局（National Aeronautics and Space Administration，NASA）提供的国家海洋大气局（National Oceanic and Atmospherics Administration，NOAA）气象卫星的 1 千米空间分辨率 NDVI 数据。为了更加有效地消除云遮蔽、大气影响、观测中的几何关系、卫星天底角观测等的不利因素，NDVI 数据经过逐日 NDVI 图像的最大值合成处理方案（MCV），得到研究区 2001 年 3～9 月的 NDVI 数据，数据格式为 GRID。将 2001 年 3～9 月的 NDVI 数据进行叠加求算平均值，得到 2001 年 NDVI 年均值分布图。美国国家航空航天局向世界免费提供全球 1 千米数据，网址为 http://earthobservatory.nasa.gov。

### （六）地图及统计数据

项目组提供的资料包括研究区的行政边缘、各行政区的行政边缘及政府所在地的矢量数据，重投影后能够与其他数据准确叠合。收集研究区共 114 个乡镇的社会统计数据，统计指标涉及总人口、GDP、人均 GDP、工农业总产值、工业总产值、农业总产值、国有经济固定资产投资、财政收入、财政支出、社会消费品零售总额、农民人均收入、城乡居民人均储蓄存款等。

## 二、生态安全格局指标体系构建

### （一）PSR 模型

以 OECD 提出的 PSR 概念模型构建生态安全的评价框架。

生态安全是通过研究生态系统的结构（包括组织结构和空间结构）、功能（生产功能和服务功能）和适应力（弹性）来判断其安全状况。测定生态安全应该包括系统恢复力、组织（多样性）和活力（新陈代谢）。生态安全的研究依赖于尺度的分异，而景观尺度一直被认为是进行区域生态规划和管理的最佳尺度。借助 RS 技术和 GIS 技术，在此尺度上易于获取生态安全评价的宏观生态学指标及 RS 数据的衍生数据。根据式（4.1）进行各单项指标栅格图层的叠加运算，完成生态安全评价并生成综合评价指数图。

### （二）评价指标确定

本书以反映生态系统的服务功能、生态系统的完整性和恢复能力为原则，并且具有空间性和可操作性，以生态安全、景观生态学等理论为基础，根据PSR模型概念框架，构建了3个层次的生态安全评价指标体系。其中，综合评价指标由一级的多个指标反映，基值采用加权求和的方法确定，计算公式为式（4.1）。

### （三）数据标准化

在进行指标的综合评价之前，首先要对评价因子进行标准化处理，以便消除量纲的影响。由于所选用的指标来源不同，故不能用统一的标准化方法，而是需要分别对这两种评价指标进行标准化处理。

本书采用两种标准化方法，即正向指标和反向指标标准化。正向指标指的是某一因子与评价结果相同，如植被覆盖度越高、生态环境质量越好，生态安全程度就越高。对这类指标，我们采用式（4.2）进行标准化。

反向指标指的是某一指标值与评价结果相反，如人口密度越高，区域承载压力就越大，区域生态安全程度就越低。对这类指标，我们采用式（4.3）进行标准化处理。

### （四）指标权重的确定

指标的权重主要指的是每个指标所占的比重，也就是相对的重要性程度，对指标权重的确定包含了大量的方法，如德尔菲法、层次分析法等。每种方法都有其相对的适用范围。本书中各个指标的权重如表6.2所示。

**表6.2　人口分布影响因子的权重**

| 项目 | 坡度 | 粗糙度 | 水网密度 | 路网密度 | 海拔 | 降水 | 温度 |
|---|---|---|---|---|---|---|---|
| 相对权重 | 0.1883 | 0.1280 | 0.2038 | 0.1701 | 0.2136 | 0.0076 | 0.0886 |

### （五）分级标准的制定

各评价指标加权求和后，得到的生态安全指标（$S$）为0～1。我国还没有一个统一的生态安全分级标准可供参考，为此本书参照左伟、张兵等的研究，同时结合研究区域的实际情况，制定出一个有针对性的生态安全分级标准，并把研究区的生态安全程度分为五级（左伟等，2002；张兵等，2007），各级的安全特征见表6.3。为了全书分级标准的统一，分为五种状态。

表6.3　生态安全分级标准

| 级别 | 域值 | 状态 | 级别特性 |
|---|---|---|---|
| Ⅰ | $S>0.9$ | 安全状态（理想状态） | 生态环境质量好：生态系统服务功能基本完善，未遭到破坏，生态系统结构完整，抵御外界干扰能力强，受干扰后可以恢复，生态问题不显著，生态灾害少 |
| Ⅱ | $0.8<S\leqslant0.9$ | 较安全状态（良好状态） | 生态环境质量较好：生态系统服务功能较为完善，抵御外界干扰能力较强，生态系统结构较完整，受到干扰后一般可以恢复，生态问题较少，生态灾害较少 |
| Ⅲ | $0.6<S\leqslant0.8$ | 预警状态（一般状态） | 生态环境质量一般：生态系统服务功能已有退化，生态环境遭到一定程度破坏，生态系统结构有变化，抵御外界干扰能力较差，自我恢复能力差，生态问题显著，生态灾害时有发生 |
| Ⅳ | $0.4<S\leqslant0.6$ | 中警状态（较差状态） | 生态环境质量较差：生态系统服务功能严重退化，结构破坏较大，生态环境遭到较大破坏，受到外界干扰恢复较困难，生态问题较大，易发生自然灾害 |
| Ⅴ | $S\leqslant0.4$ | 重警状态（恶劣状态） | 生态环境非常恶劣：生态系统结构严重不完整，服务功能丧失，生态恢复与重建很困难，极易发生生态灾害 |

# 第三节　压力状态响应空间分布图

## 一、压力分析

压力指标反映了区域生态系统目前所面临的压力程度，也是对过去所承受的各种干扰的反映，对生态系统的退化能起到一定的预警作用。当外界施加的压力（干扰）超过区域生态系统的自身调节能力或代偿补偿时，会造成生态系统结构和功能的破坏，导致生态系统退化。压力指标是由人口密度和人类干扰指数加权求得。

### （一）人口密度分布格局

大连市地形多山地丘陵，少平原低地，地形因子对自然资源和社会资源的空间分配起着决定性作用，因此本书采用人口分布影响因子分析法来研究纵向岭谷区人口密度的空间分布格局。人口分布影响因子分析法即分析影响人口分布的一系列因子，如土地利用、地形和气候因子等，对之赋予权重，得到各网格人口密度分配系数，用人口密度分配系数乘以总人口再除以网格面积即得到各网格的人口密度。

大连市地处辽宁省辽东半岛南端，山地丘陵面积占大连市全市总面积的70%左右，平原低地面积较少。受自然条件和经济发展水平的影响，大连市人口密度的地域差异非常大，呈现整体零散、局部集中的分布特点。大连市人口平均密度为448.44人/公里$^2$，远远高于296.69人/公里$^2$的辽宁省平均水平，也远远高于143人/公里$^2$的全国平均水平，人口密度相对集中。大连市沙河口区、西岗区、中山区、甘井子区、金州区的人口密度较高，人口较集中（图6.4）。该区域分布有大连理工大学、大连海事大学、辽宁师范大学、大连海洋大学等众多高校，旅游景点众多，基础设施完善，城市化水平高。由此可见，大连市城市化进程对人口密度分布状况有着重要影响。除此之外，人口高密度分布地区零散分布在瓦房店市、普兰店区、金州区、普湾经济区和长海县各城市中心，人口主要集中在交通枢纽、河流入海口等居民点。

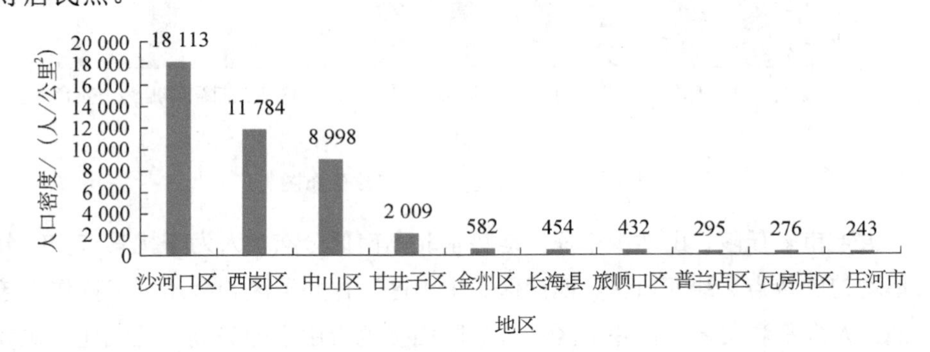


图6.4　大连市2019年人口密度分布图

通过上述人口分布影响因子分析得到的大连市人口密度状况与多方面研究文献和实地调查得到的人口密度情况基本吻合，能够从区域尺度上反映人口密度的空间分布规律。

## (二)人类干扰指数的分布特征

不同的土地利用类型在一定程度上反映着人类活动对土地利用的干扰强度。本书从土地利用类型的角度反映人类活动对自然生态系统的干扰强度。人类干扰指数 HAI 的计算为

$$\mathrm{HAI}=\frac{A_i \cdot P_i}{\mathrm{TA}} \tag{6.1}$$

其中,HAI 为人类干扰指数,$A_i$是第 $i$ 种土地利用类型组成面积,$P_i$是第 $i$ 种土地利用类型所反映的人类干扰强度参数(表 6.4),TA 为土地利用总面积。

**表 6.4　各种土地的人类干扰强度参数**

| 土地利用类型 | 耕地 | 林地 | 建设用地 | 水体 | 湿地 | 绿地 |
|---|---|---|---|---|---|---|
| 参数 | 0.56 | 0.11 | 0.68 | 0.12 | 0.13 | 0.12 |

通过模型得到各土地利用类型的人类干扰指数,赋予各类型的矢量数据,然后空间化采样得到人类干扰指数的分布(图 6.5)。

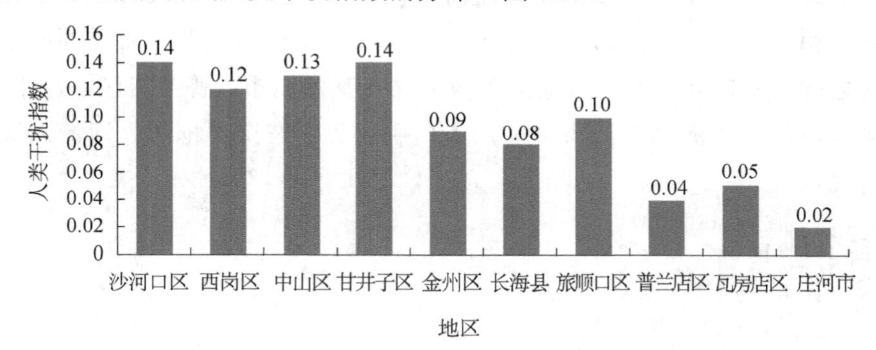


图 6.5　大连市人类干扰指数分布图

大连市多丘陵、山地少平原,地势呈北高南低分布,人为干扰具有空间分布不均匀的特点。沙河口区、西岗区、中山区、甘井子区和金州区干扰作用较强烈,人为景观明显。甘井子区与旅顺区相接地带由于地势高,且大连金龙寺森林公园与大连市西郊国家森林公园位于此地区,林地的人为影响强度参数较小,人类干扰指数较小。由于大连市快速的城市化进程,人类的土地开发活动受地形地貌的影响,活动范围主要集中在地势较低、森林植被覆盖率低的地区,同时由于城市化的人口集中效应,大连市局部形成了高度集中的人为景观。

## 二、状态分析

状态指标是生态安全评价中最重要的指标，反映了生态系统内各种自然和人为因素相互作用的结果，体现出生态系统的自然属性及所提供的服务功能是否处于正常状态。状态指标由 NDVI、景观多样性指数、平均斑块面积、生态系统服务功能和生态弹性度组成。

### (一) NDVI 分布特征

NDVI 被用于定量评价植被覆盖及其生长活力，是植物生长状态及植被空间分布的常用指示因子。

采用 NDVI 方法定性和定量评价植被覆盖及其生长活力的评价结果见图 6.6。由图 6.6 可见，大连市的植被指数从北向南、从东向西递减。其中植被覆盖度较低的区域主要分布在甘井子区、中山区、西岗区和沙河口区，植被覆盖较高的区域主要分布在庄河市、瓦房店市、普兰店区和长海县。另外，各主要河口的耕地区的植被覆盖度也较高；其他区域的植被覆盖度中等，主要是草地和郁闭度不太高的林地，多分布在山坡、山脚。

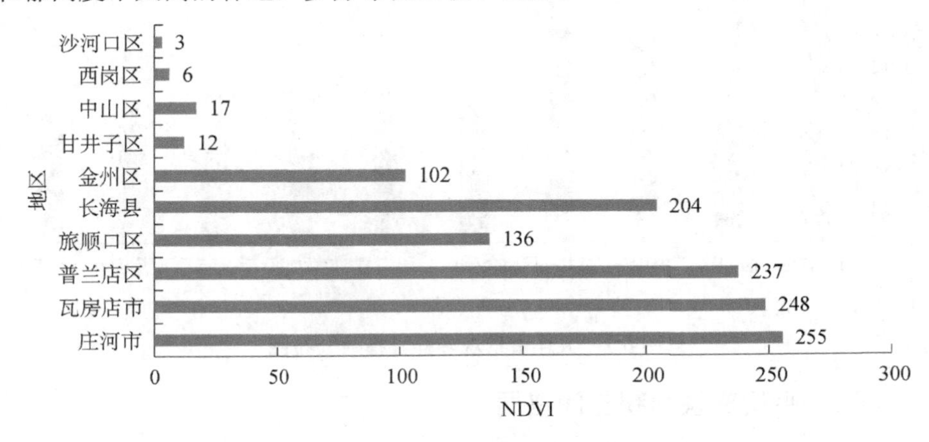


图 6.6　大连市 NDVI 分布图

### (二) 景观多样性指数空间格局

景观多样性指数采用生态系统类型（或斑块）及其在景观中所占面积比例计算而成。本书利用香农-维纳多样性指数（Shannon-Wiener’s diversity index）计算：

$$H = -\sum_{k=1}^{n} P_k \ln(P_k) \tag{6.2}$$

式中，$P_k$是斑块类型$k$在景观中出现的概率（通常以该类型占有的格网点数或像元数占景观格网点数或像元总数的比例来估算），$n$是景观中斑块类型的总数。

景观多样性指数的大小反映了景观元素的多少和各景观元素所占的比例。当景观由单一元素构成时，景观是均质的，其景观多样性指数为0；当景观由两个以上的元素构成时，若各类斑块所占的景观比例相等，则其景观多样性指数为最高，反之则降低。

图6.7反映了研究区景观多样性的空间格局，景观多样性指数整体较高，整体趋势是从北到南递减。大连市整体的景观多样性指数为0.765，各区域景观多样性指数存在差异，景观多样性指数高值区在庄河市，达到0.835，长海海县与瓦房店市景观多样性指数相似，分别为0.632和0.613。大连市区域范围内景观多样性指数低值区为旅顺口区，为0.317。

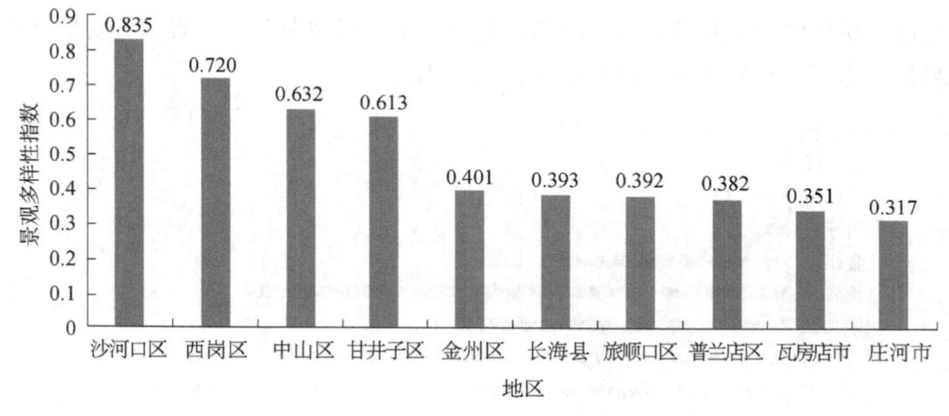


图6.7　大连市景观多样性指数分布图

### （三）平均斑块面积空间格局

平均斑块面积在一定程度上反映了景观的破碎化程度：

$$\text{MPS}=\frac{A}{N} \tag{6.3}$$

式中，MPS是平均斑块面积；$A$是景观中所有斑块的总面积；$N$是斑块总数。

从斑块数量看，城乡用地的斑块数最多，为5331个，占研究区总景观斑块数的43.56%，其次是林地和旱地景观，其斑块个数分别为40.03%和7.63%；

水田和草地景观斑块数相近，其斑块个数比例分别为2.55%和2.67%，水域景观的板块个数比例为2.12%；滩涂、沼泽和未利用景观的斑块个数比例为0.31%、0.98%和0.16%。从平均斑块面积看，大连市中部地区平均版块面积数值最大，大连市南部由于人口密度较大而受人为干扰强度大，导致平均斑块面积较小，呈现破碎化。研究区旱地景观的平均斑块面积最大，为5.53公里$^2$/个；其次为水田、林地和水域景观，其平均斑块面积分别为1.463公里$^2$/个、1.003公里$^2$/个和0.97公里$^2$/个；沼泽、滩涂、草地平均斑块面积相当分别为0.79公里$^2$/个、0.73公里$^2$/个和0.72公里$^2$/个；城乡用地景观的平均斑块面积为0.28公里$^2$/个。其中，沙河口区的斑块平均面积在大连市下辖7个区、1个县、代管2个县级市中最小，仅为0.28公里$^2$/个（图6.8），而未利用景观的平均版块面积最小，仅为0.01公里$^2$/个。

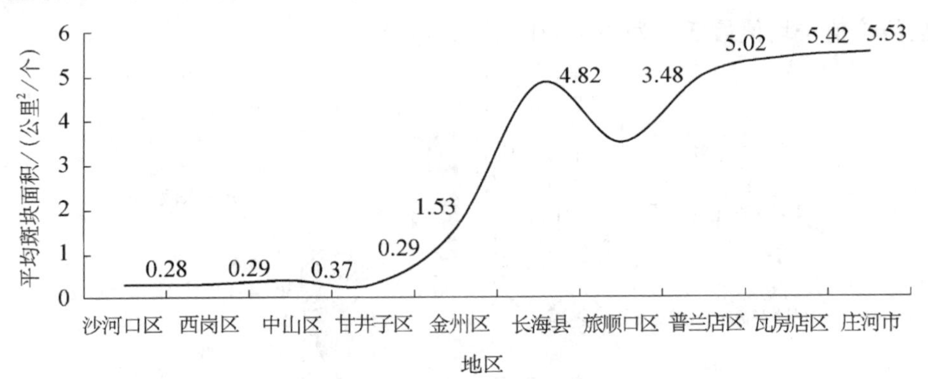


图6.8　大连市平均斑块面积分布图

## （四）生态系统服务功能价值分布

生态安全的内涵包括生态系统能持续地为人类提供正常服务。生态系统服务功能是生态系统的基本属性，是指生态系统与生态过程所形成及所维持的人类赖以生存的自然环境条件与效用。其重要性在于能为人类提供食物及其他工农业生产原料，更是支撑与维持了地球的生命保障系统，区域生态系统服务功能的价值已经成为衡量区域总体经济发展状况和生态环境质量状况的重要指标之一。

大连市生态系统服务功能高值区域集中在大连市的北部和南部、甘井子区中部海拔高的区域，此外还零星分布在大连市各水源地、水库的高值地区；低值区域主要分布在市中心区域及城镇分布区，分布趋势由中部向两边递减，其中近海区域由于经济发达、城市化水平高，生态系统服务功能价值较低。大连市域现状生态系统服务功能价值为 5077 亿元，约相当于 2007 年大连市 GDP 3131 亿元的 1.6 倍。在六类用地中，林地、耕地和林地的生态系统服务功能体现在气候调节、固碳释氧、涵养水源等方面，为大连市的发展提供了巨大的环境、经济和社会价值。

大连市不同行政区的生态系统服务功能均值存在差异。如图 6.9 所示，沙河口区的生态系统服务功能价值平均值最高，为 176 482/(公顷 • 年)；其次是西岗区和中山区，生态系统服务功能价值平均值分别为 147 832/(公顷 • 年) 和 109 372/(公顷 • 年)；其后是庄河市和普兰店区，生态系统服务功能价值平均值分别是 894 232/(公顷 • 年) 和 787 618/(公顷 • 年)；金州区生态系统服务功能价值平均值最低，为 307 491/(公顷 • 年)。

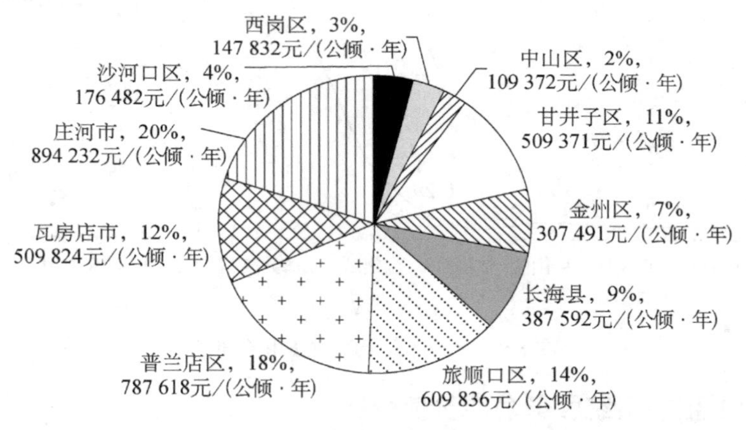


图 6.9　大连市生态系统服务功能价值分布图

## （五）生态弹性度分布

健康的生态系统对干扰具有弹性，有抵抗和缓冲压力的能力。弹性越大，系统越健康。生态弹性度是由各土地类型的面积比及生态弹性分值决定的。其计算公式为

$$ERI=Si \cdot Pi \tag{6.4}$$

式中，ERI 为生态弹性度；Si 为各类土地利用类型的面积比；Pi 为生态弹性分值，详见表 6.5。

表 6.5　大连市各土地利用类型生态弹性分值

| 项目 | 湿地 | 林地 | 水体 | 绿地 | 耕地 | 建设用地 |
|---|---|---|---|---|---|---|
| 生态弹性分值 | 6 | 5 | 4 | 3 | 2 | 1 |

用网格评价单元对属性数据进行空间化采样，然后进行标准化，得到大连市生态弹性度的空间格局。从整体来看，大连市生态弹性度指数呈现北高南低的趋势，由北到南递减。大连市的耕地面积和森林面积最大，而耕地面积中又以旱地景观面积最大，集中分布在研究区的西北部和中南部，林地面积主要分布在研究区的北部地区。因此，在研究区内，耕地和林地的生态弹性度最大，分别为 1.519 和 1.499，其次是水体的生态弹性度为 0.865，绿地为 0.336，建设用地为 0.189；湿地面积较少，因此生态弹性度最低。如图 6.10 所示，沙河口区和中山区由于受人类活动的影响和破坏，自然景观遭到破坏，生态弹性度普遍较小，生态弹性分值分别为 0.182 和 0.189；庄河市和普兰店区受人类活动的影响和破坏较小，因此生态弹性度较高，生态弹性分值分别是 1.502 和 1.492。

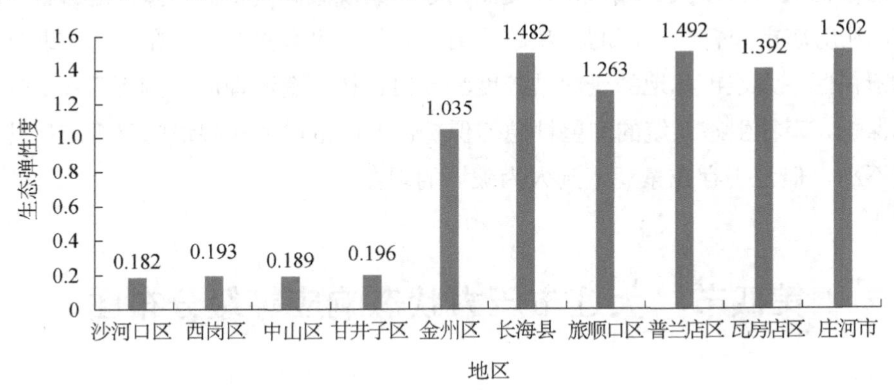


图 6.10　大连市生态弹性度分布图

## 三、响应分析

区域生态安全研究强调过程和演替的特点，生态系统受到一定的干扰或压力时必然会产生相应的变化。以景观破碎度作为响应指标来反映人类干扰作用的后果。

景观破碎度（FN）的计算公式为

$$FN=\frac{NF-1}{MPS} \tag{6.5}$$

式中，FN 为各类景观的景观破碎度；NF 为各类景观的斑块总数；MPS 为各类景观的平均斑块面积。计算得到的大连市景观破碎度分布如图 6.11 所示。

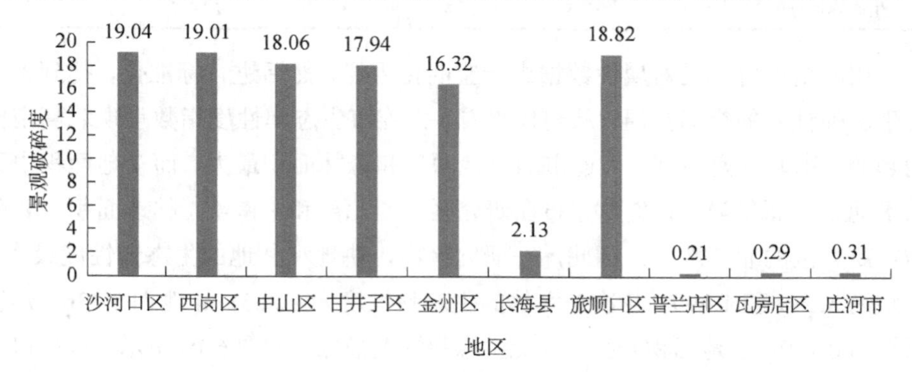


图 6.11　大连市景观破碎度分布图

从图 6.11 可以看出，大连市景观破碎度的高值区位于大连市南部地区。这个区域的人口密度大、城市化程度高，导致景观破碎度最高。除此之外，庄河市、瓦房店市和普兰店区的景观破碎指数高值区呈零星分布。在大连市北部森林覆盖区，大连市林地的景观破碎度为 5.01，林业资源理应受到更系统、完整的保护，森林生态系统的完整性急需保护。大连市耕地和湿地的景观破碎化程度不高，但是仍存在景观遭到人为破坏的现象。

## 第四节　大连市压力状态响应等级分布图

### 一、压力等级分布图

对人口密度和人类干扰指数叠加分析，得到大连市生态系统面临的压力等级分布图（图 6.12）。

从图 6.12 可以看出，大连市整体的压力等级较高，这与大连市快速的城市化进程和人口数量庞大相关。大连市北部高山区域压力最小，越往南部压力越大。大连市东部地势平坦地区压力较大，这个区域人为干扰造成的压力大，主要分布大面积的耕地及建设用地。综合分析发现，大连市压力高值区面积大且分布集中，从大连市东部向西递减，压力高值区集中在庄河市、普兰店区、瓦房店市及大连市中心城区城镇人口聚居区。大连市长白山山系千山山脉分布森林覆盖率高。由于森林的人类干扰指数较低、人口分布少，因此承受的人为干扰的压力小。

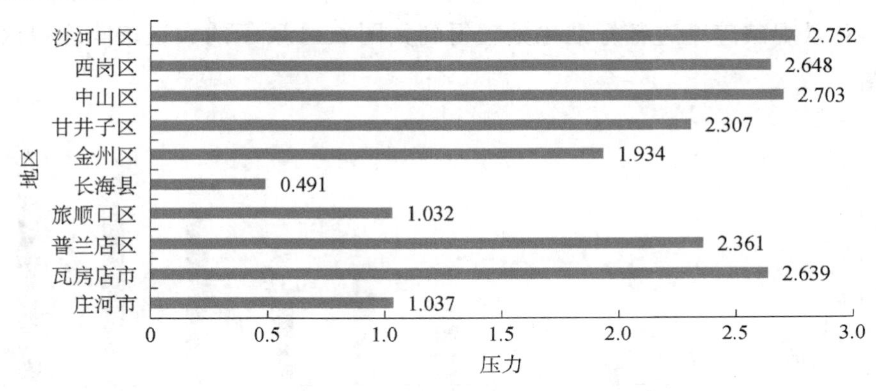


图 6.12　大连市压力等级分布图

## 二、状态等级分布图

本书主要构建了 NDVI、景观多样性指数、平均斑块面积、生态系统服务功能、生态弹性度等状态指标，并进行加权和叠加分析，最终获得大连市的状态分布图（图 6.13）。

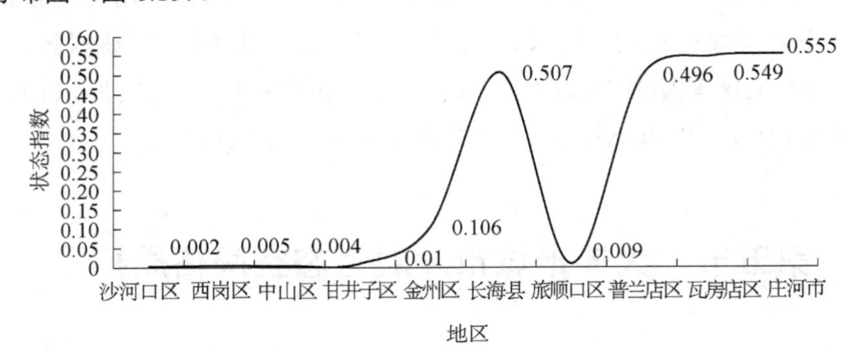


图 6.13　大连市状态评价分布图

如图 6.13 所示，大连市的状态分布情况并不理想，大连市状态指数的最高值为 0.555，根据表 6.3 的分级标准，处于中警状态。大连市的普兰店区、长海县、瓦房店市和庄河市处于中警状态，其余地区处于重警状态，生态环境恶劣，生态系统结构破坏严重。

### 三、响应等级分布图

对景观破碎度进行标准化处理得到如图 6.14 所示的大连市响应等级分布图。

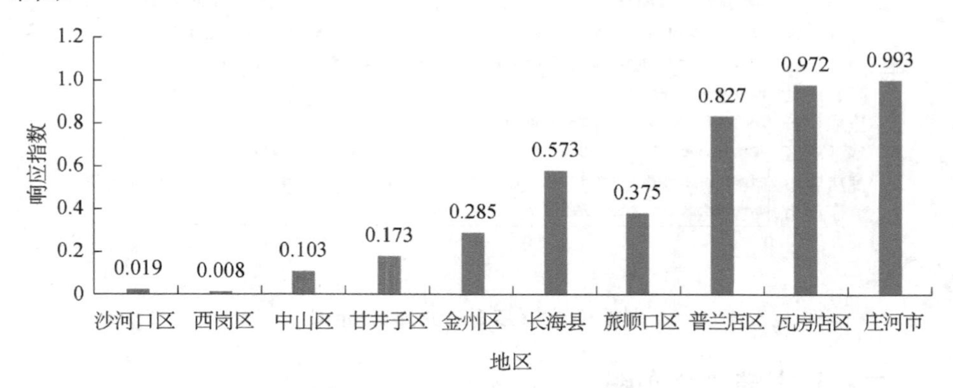


图 6.14　大连市响应等级分布图

由图 6.14 可以看出，大连市生态安全响应状态并不乐观，区域生态系统对于人类的活动的响应处于中等水平。研究区内景观破碎度高值区位于大连市东部，主要分布在庄河市、瓦房店市和普兰店区，主要的土地利用类型是耕地。这是由于耕地与人群聚集区相邻，其受人类活动的干扰度较大。保税区、花园口区与市中心区等人口密度较大的区域，由于建设用地集中、斑块面积较大、景观破碎度较小，响应状态较好。大连市北部林地响应状态较好。

## 第五节　大连市城市发展生态空间格局构建

### 一、生态安全格局构建思路

#### （一）大连市生态功能分区

大连市生态功能区划拟在辽宁省生态功能区划的基础上，充分考虑大连市生态环境与社会经济发展状况，依据区域生态环境敏感性、生态系统服务功能重要性、生态环境特征的相似性和差异性、区域社会经济发展方向等，运用3S技术，以定性分区和定量分区相结合的方法进行分区划界。边缘的确定充分考虑利用山脉、河流等自然特征与行政边缘。其中，一级区划界保持地貌单元的完整性、行政区划的完整性；二级区划界保持生态系统类型与过程的完整性，以及生态系统服务功能类型的一致性；三级区划界保持生态系统服务功能重要性、生态环境敏感性等的一致性。依据《生态功能区划暂行规程》，将大连市划分4个一级生态功能区、10个二级生态功能区和79个三级生态功能区，分区方案及面积详见附表1。

1. 一级生态功能区

综合考虑大连市海陆并存、山水相依、资源类型复杂多样的特点，行政区划的完整性及其社会经济的发展定位，生态功能区的分区主导因子为城市景观生态特征、区域资源环境承载能力和社会经济。

一级生态功能区分区方案为山地生态结构性控制区、丘陵农业—都市生态经济区、海岛生态防护区、近岸海域生态防护区。

2. 二级生态功能区

综合考虑区域主要生态系统类型和生态系统服务功能类型的不同，确定区域生态系统规划的主要方向和需要保护的生态内容。分区主导因子为生态系统服务功能类型、社会经济主导方向。二级生态功能区分区方案如下所示。

（1）山地生态结构性控制区分为北部低山生态屏障区、中部低山生态控制区、南部低山生态防护区。

（2）丘陵农业—都市生态经济区分为丘陵河谷生态农业区、滨海都市生态经济区。

（3）海岛生态防护区分为东部海岛生态防护区、南部海岛生态防护区。

（4）近岸海域生态防护区分为典型海湾型港口发展和生态系统保护区、近岸海域渔业与海洋生态系统保护区、典型海湾型港口发展和污染控制区。

3. 三级生态功能区

在二级区划的基础上，对生态系统服务功能和生态环境敏感性进行细化，明确关键及重要生态功能的保护，综合考虑生态系统服务功能类型、生态环境敏感性和城市组团发展定位等因素对分区单元的影响，针对分区单元的主要生态环境问题、具体社会经济活动，提出生态环境保护控制对策。分区主导因子为生物多样性保护、土壤侵蚀、水源涵养、社会服务功能。三级生态功能区划分为10类、79个三级生态功能区。

### （二）大连市生态功能分区

#### 1. 生态保护红线

生态保护红线，是指对维护国家和区域生态安全及经济社会可持续发展、保障人民群众健康具有关键作用，在提升生态功能、改善环境质量、促进资源高效利用等方面必须严格保护的最小空间范围与最高或最低数量限值。

从生态安全保障的需求出发，依据生态系统的完整性和稳定性，在充分认识生态系统的结构—过程—功能的基础上，考虑经济社会发展现状和未来发展需求，识别、划分、确认生态保护的关键区域的过程，划定生态保护红线。在空间范围上，生态保护红线包括重要（点）生态功能区、陆地和海洋生态环境敏感区、脆弱区的全部和部分范围。

根据《国务院关于加强环境保护重点工作的意见》（国发〔2011〕35号）的要求，加大生态保护力度，在重要生态功能区、陆地和海洋生态环境敏感区、脆弱区等区域划定生态保护红线。

重要生态功能区包括《大连生态市建设规划（2009—2020）》明确的“生态功能区划”中的4个一级生态功能区，分别为山地生态结构性控制区、丘陵农业—都市生态经济区、海岛生态防护区和近岸海域生态防护区，以及10个二级生态功能区、79个三级生态功能区。根据区域生态和资源环境条件、发展潜力及生态环境保护的要求，将全市域划分为禁止开发区、限制开发区和集约开发区，分区制定不同的环境保护策略。禁止开发区是指依法设立的各类保护区域及其他具有重要生态功能的区域，限制开发区是指具有重要的生态系统服务功能或生态敏感性较高的区域，集约开发区是指禁止开发区和限制开发区以外的区域。重要生态功能区具体包括自然保护区（含海洋自然保护区）、世界文化自然遗产、风景名胜区、森林公园、地质公园及饮用水水源保护区等重点应受保护的区域。大连市共有12个自然保护区、5个风景名胜区、14个森林公园、2 个地质公园、26 个饮用水水源保护区和 2 个海洋公园，具体名录详见附表 2。

陆地生态敏感区主要包括受人类活动、气候变化、环境污染等影响，易于引发生态问题的区域；陆地生态脆弱区主要包括降水、积温、地表土壤基质等条件较难保障植被快速自然恢复，易受不良气候影响及受洪水、风浪等强烈冲蚀的地区。

海洋生态敏感区、脆弱区主要包括海洋生物多样性敏感区、海岸侵蚀敏感区、海平面上升影响区和风暴潮增水影响区。其中，海洋生物多样性敏感区是指海域和海岸带已建保护区以外的生物物种资源丰富区，如鱼虾产卵场、巡回通道、海草床等对海洋生物多样性保护具有重要意义的区域；海岸侵蚀敏感区是指受海水波浪和潮汐作用影响强烈，多年或近年处于蚀退状态的自然海岸线；海平面上升影响区是指因全球海平面上升叠加区域地面沉降引起的相对海平面持续上升所导致的海岸带淹没区；风暴潮增水影响区是指发生风暴潮时，实况潮位高于天文潮位所导致的海岸带淹没区。

2. 生态保护红线方案

依据《国家生态保护红线——生态功能红线划定技术指南（试行）》和《辽宁省生态保护红线划定技术指南》，遵循“系统性、协调性、等级性、强制性、动态性”原则，保护具有最关键生态功能的区域，规划到 2015 年，将大连市各级自然保护区的核心区、缓冲区及饮用水水源一级、二级保护区划定为生态保护红线，生态保护红线区（陆域）面积为 1397 平方公里，占大连市陆地面积的 10.55%。远期规划逐步将大连市各级自然保护区、饮用水水源保护区、森林公园、湿地公园、地质公园、风景名胜区均划定为生态保护红线，生态保护红线区（陆域）面积为 4352 平方公里，占大连市陆地面积的 32.1%。

牢固树立生态保护红线的观念，生态保护红线区域实行严格管理，制定并执行严格的环境准入制度与管理措施。当自然保护区和饮用水水源保护区名录、面积等重要信息发生变化时，应依据动态性原则及时更新。此外，随着生态保护能力不断增强，可以适当扩大生态保护红线范围和面积，确保能够满足基本生态功能供给需求。

重点保护自然保护区的核心区和缓冲区，严格遵守法律法规，对自然保护区实行规范化管理；重点保护大连市饮用水水源地一级、二级保护区，严格遵守法律及规章保护区的相关规定，加强水源涵养林的建设与养护，防止水土流失，加强区内的生态治理和修复工作；加强穿越重要生态功能区的交通干线的生态化设计，尽可能降低对自然斑块的负面影响；从维护区域生态安全格局考虑，禁止大规模的城市扩张和工业建设占用，逐步迁出生态保护红线区内的所有污染企业，区内居民优先建设生态村和生态街道。

### （三）生态安全格局构建

本书以 PSR 模型对大连市生态安全现状进行评价，得到大连市生态安全空间分布图。在此基础上，根据区域自然生态系统空间分布规律和潜在的生态安全问题，并结合大连市生态功能分区和生态保护红线保护方案，进行区域内生态安全格局构建。构建的三个层次的生态安全格局分别为底线生态安全格局（低水平预警安全格局）、满意生态安全格局（中水平预警安全格局）、理想生态安全格局（高水平预警安全格局），与大连市生态安全状况等级的对应关系如表 6.6 所示。

**表 6.6　大连市生态安全格局**

| 生态安全格局 | 级别 | 状态 |
| --- | --- | --- |
| 低水平预警安全格局 | Ⅰ | 安全状态（理想状态） |
| | Ⅱ | 较安全状态（良好状态） |
| 中水平预警安全格局 | Ⅲ | 预警状态（一般状态） |
| 高水平预警安全格局 | Ⅳ | 中警状态（较差状态） |
| | Ⅴ | 重警状态（恶劣状态） |

大连市生态安全格局与大连市生态保护红线方案和生态功能分区图的在空间分布上的关系如表 6.7 所示。

**表 6.7　大连市生态安全格局空间分布**

| 生态安全格局 | 生态保护红线 | 生态功能分区 |
| --- | --- | --- |
| 低水平预警安全格局 | 生态红线区 | 生态系统维护区 |
| | | 饮用水水源一级保护区 |
| | | 饮用水水源二级保护区 |

续表

<table>
<tr><th>生态安全格局</th><th>生态保护红线</th><th>生态功能分区</th></tr>
<tr><td rowspan="8">低水平预警安全格局</td><td rowspan="4">生态脆弱区</td><td>饮用水水源准保护区</td></tr>
<tr><td>土壤侵蚀高度敏感区</td></tr>
<tr><td>自然保护区核心区</td></tr>
<tr><td>自然保护区缓冲区</td></tr>
<tr><td rowspan="4">生态脆弱区</td><td>自然保护区实验区</td></tr>
<tr><td>风景名胜区</td></tr>
<tr><td>城市绿地</td></tr>
<tr><td>森林公园</td></tr>
<tr><td colspan="2">中水平预警安全格局</td><td>农田生态系统、重要山体</td></tr>
<tr><td colspan="2" rowspan="2">高水平预警安全格局</td><td>工业园区</td></tr>
<tr><td>人类聚居城镇区</td></tr>
</table>

## 二、低水平预警安全格局

低水平预警安全格局包括处于安全状态和较安全状态的地区，但由于大连市并不存在生态安全状况处于安全的区域，故低水平预警安全格局只包括较安全状态的地区。该区域内生态环境质量较好，生态系统服务功能基本完善，基本未遭到破坏，生态系统结构完整，抵御外界干扰能力强，受干扰后可以恢复，生态问题不显著，生态灾害少，在生物多样性与主要生态系统类型保护、水源涵养、水土保持等方面具有重要的生态系统服务功能，是保障生态安全的最基本的保障，是城市发展建设中不可逾越的生态底线，需要重点保护和严格限制，并应该纳入城市的禁止和限制建设区。

低水平预警安全格局主要涵盖大连市庄河市、瓦房店市北部、旅顺口区中部，其他区域分布较少，范围内的城镇有华铜镇、许屯镇、瓦窝镇、乐甲镇、光明山镇、步云山乡、三架山镇、桂云花满族乡、蓉花山镇、仙人洞镇、塔岭镇、长岭镇、荷花山镇、交流岛街道、太平岭满族乡、三十里堡镇、龙头镇、江西镇、北海街道。这些均属于典型的山地生态系统，植被覆盖度好，生物多样性最为丰富，包括自然保护区、森林公园、风景名胜区、饮用水水源保护区、生态系统维护区和城市绿地等。该生态功能区的基本功能定位是安全防护、生态修复、水土保持和水源涵养、生物多样性维护、缓解城市热岛效应。

### （一）自然保护区

自然保护区主要包括辽宁仙人洞国家级自然保护区、辽宁城山头海滨地貌国家级自然保护区、大连老偏岛—玉皇顶海洋生态市级自然保护区、辽宁蛇岛老铁山国家级自然保护区、长海海洋珍稀生物省级自然保护区、大连海王九岛海洋景观市级自然保护区、大连长山列岛珍贵海洋生物市级自然保护区、大连石城乡黑脸琵鹭市级自然保护区。自然保护区的生态功能是维护生物多样性，重点保护珍稀动植物，重点保护地质遗迹和珍贵景观。在自然保护区内，重点保护自然保护区的核心区和缓冲区，严格遵守《中华人民共和国自然保护区条例》《海洋自然保护区管理办法》等法律法规，对自然保护区实行规范化管理，禁止在核心区及缓冲区内兴建与保护区建设、管理无关的项目。

### （二）森林公园

森林公园包括旅顺口国家森林公园、大连大赫山国家森林公园、辽宁普兰店国家森林公园、辽宁金龙寺国家森林公园等 9 个国家级森林公园和长兴岛海滨省级森林公园、大连大黑石省级生态文化森林公园等 5 个省级森林公园。森林公园具有重要的生态防护功能，水源涵养、防止水土流失、净化空气，为中心城市生态安全提供保障。2015 年，大连市森林面积为 465 084.4 平方公里，其中人工林面积为 416 428.1 平方公里，占森林总面积的 89.5%，自然植被占比较低；森林覆盖率为 41.5%，远高于全国水平的森林覆盖率（21.83%），但仍存在森林生态系统遭到破坏、连通性降低、水源涵养功能受损、生物多样性的保育受到威胁、商品林与低质林比例较高、森林的生态防护功能降低、水土流失问题较严重等问题。对森林自然资源的开发利用要以不损害生态系统的服务功能为准绳，禁止导致植被退化的各种生产活动；对坡度较陡的坡耕地实施退耕还林政策，要加强生态防护林体系建设，积极开展疏林植被的抚育更新；对已经开发的农业种植区和经济林果区，根据生活和服务业的需要，进行种植结构和区域经济结构的调整，积极恢复自然植被。应保护森林生态系统和生物多样性，加强疏林地的抚育，改造低质林地，对由商品林改造成的生态公益林实施林种结构改造，增加生物多样性，提高低质林地的生态防护功能；加强林业科技建设，提高单位商品林的经济效益，减少商品林总面积，加大生态公益林建设力度；加强水土流失治理；充分发挥本区山水景观优势，改变生产结构，积极发展生态旅游业；在生态屏障间断的地区，要加强退耕还林和生态防护林体系建设。

### （三）饮用水水源保护区

饮用水水源保护区包括碧流河水库饮用水水源保护区、英那河水库饮用水水源保护区、朱隈子水库饮用水水源保护区、转角楼水库饮用水水源保护区、东风水库饮用水水源保护区、松树水库饮用水水源保护区、刘大水库饮用水水源保护区、大梁屯水库饮用水水源保护区、五四水库饮用水水源保护区等。其主要分布在瓦房店市、普兰店区、庄河市北部，生态功能为安全防护、生态修复、水土保持和水源涵养等。应该重点保护大连市饮用水水源地一级保护区，严格遵守《饮用水水源保护区污染防治管理规定》和《大连市水资源管理条例》对水源保护区的相关规定，区内禁止新建、扩建与供水设施和保护水源无关的建设项目；全面实行植树造林，增加自然植被，防止水土流失，防治化肥、农药污染，改善生态环境，加强区内的生态治理和修复工作。

### （四）生态系统维护区

陆域生态系统维护区包括庄河北部生态系统维护区、瓦房店北部生态系统维护区、安波镇南部山体生态防护区。其生态功能为水土保持、生态防护等功能作用，为城市发展提供安全屏障。海域生态系统维护区包括东部海岛生态防护区、南部海岛生态防护区、典型海湾型港口发展和生态系统保护区、近岸海域渔业与海洋生态系统保护区、典型海湾型港口发展和污染控制区。其生态功能为重点发展港口、旅游业，发挥海洋生态功能，修复和保护海洋资源，重点保护珍稀海洋生物。应加强穿越重要生态功能区的交通干线的生态化设计，尽可能降低对自然斑块的负面影响，从维护区域生态安全格局方面考虑，保护连接北、中、南部自然斑块的生物廊道和关键点位，禁止城市扩张和工业建设占用。

### （五）风景名胜区和城市绿地

大连市风景名胜区包括大连海滨—旅顺口国家级风景名胜区、金石滩国家级风景名胜区、长山列岛省级风景名胜区、巍霸山城风景名胜区、老帽山风景名胜区。生态功能为重点保护地质地貌、沉积岩石、古生物化石和重点保护海滨景观。城市绿地主要分布在大连市开发区西北部，占地面积为103.25平方千米。生态功能为：缓解城市热岛效应，为城市提供制氧、景观、调节微气候服务功能。大连市是著名的旅游城市，近年来景区的过度开发、游客人数增加及游客的不文明行为造成了风景名胜区不同程度的破坏，相关部门应该完善风景名胜区的管理机制，严格按照规定保护和修复风景名胜区的生态环境。

## 三、中水平预警安全格局

中水平安全格局包括处于预警状态的区域，指生态环境质量一般、生态系统服务功能已有退化、生态敏感性较强、系统稳定性较差、生态环境遭到一定程度破坏、生态系统结构有变化、抵御外界干扰能力较差、自我恢复能力差、生态问题显著、生态灾害时有发生的区域。同时，该区域具有比较重要的自然生态系统服务功能和社会生态系统服务功能，对维持敏感区的良好功能及气候环境等起到重要作用，与整体生态维护密切相关。中水平预警安全格局需要限制开发，实行保护措施，预防生态风险，保护和恢复生态系统，治理生态安全问题。

该区域内包括的乡镇有永宁镇、西杨乡、阎店乡、赵屯乡、驼山乡、杨家满族乡、老虎屯镇、仙浴湾镇、谢屯镇、泡崖、李店镇、元台镇、大田镇、莲山镇、星台镇、夹河庙镇、徐大屯镇、城山镇、光明山镇、太平岭满族乡、青堆镇、鞍子山乡、果子房镇、向应镇、华家屯镇、杏树街道、登沙河街道，主要包括农田生态系统、重要山体。

### （一）农田生态系统

农田生态系统主要分布在大连市的中部和北部，在普兰店区东南部、庄河市除海岸湿地的大部分土地及瓦房店市南部和西部有较大面积分布，而在大连市中心城区分布较少。农田生态系统的主要生态功能以生态农业建设为主，保护基本农田，优化农业内部结构配置。该区植被覆盖度较高，人类活动较弱，生态系统相对稳定，一直是农副产品的生产加工基地，承担着食物供给等功能。但是由于农田生态系统农药、化肥的过度使用，以及水资源利用效率低，农田生态系统生态功能退化、水田减少、旱地面积上升、污染情况加重。该区域在原有的农田基础上，除在地势平坦、土壤肥沃、水利条件较好的部分地区建设蔬菜、瓜果种植基地外，其他的农田要积极进行生态恢复工作，转变土地功能，使其为远期建设提供充分的土地和资源空间。农业是用水大户，在水资源缺乏的条件下，应该防止由过量开采地下水造成的海水入侵问题。

### （二）重要山体

重要山体（如天门山、芙蓉山、鸡冠山、桂云花山、老边山、大黑山、小黑山等）的生态功能以涵养水源、水土保持、观光旅游为主，辅以生态景观功能，为分布在城镇中的重要绿核区域。在该区域内实施保护优先、适度开发的管理措施，在开发建设中不要破坏区域生态安全格局体系，开发建设活动应以观光度假、居民休闲为主，并注意与周边环境相协调，并加强生态修复工作；限制大规模的开发建设活动，做好水土保持和生态优化工作，避免对生态环境造成进一步损害。

## 四、高水平预警安全格局

高水平预警安全格局包括生态安全状况处于中警状态和重警状态的地区，指生态环境质量较差或非常恶劣：生态系统服务功能严重退化、结构破坏较大、生态环境遭到较大破坏、受到外界干扰恢复较困难、生态问题较大、易发生自然灾害的地区或生态系统结构严重不完整、服务功能丧失、生态恢复与重建很困难、极易发生生态灾害的地区。保持生态功能完好的高水平预警安全格局是维护区域生态服务的理想的景观格局，在低水平预警安全格局和中水平预警安全格局的区域的基础之上，加上与人类聚居的城镇区联系密切的区域，主要包括城市建成区、城镇建设区、重点镇区、工业区和沿海养殖区等。这些区域属于抗干扰能力强的区域或者敏感性低、生态条件自然属性较差的区域，主要包括石河满族镇、得胜镇、大李家镇、大连湾镇、马桥子街道、湾里街道、铁山街道、营城子镇、革镇堡镇、辛寨子街道、董家沟街道等。

### （一）人类聚居城镇区

人类聚居城镇区主要位于庄河市中部，瓦房店市西北部，瓦房店市、普兰店区、金州区三区交汇区域，大连市中心城区及旅顺口区中北部。该区域的人口密度、建筑密度和经济密度都很高，是人类建成并支持的系统，不具备自我维持能力。在长期的人为干扰作用下，其环境质量有所下降，需要改善生态环境，加强城镇生态建设，提高人们生产和生活的舒适度。城镇建设区既是经济活动和人口分布的集中区域，又是城市景观风貌的保护区及旅游观光的重点区域，因此需要营造良好的生态环境氛围。要通过产业升级换代等措施，加强人居环境建设。严格控制建成区和中心城镇的扩展速度，切实做好城镇化过程中的生态环境保护问题，建成生态环境一流、产业结构高端的生态人居区域，营造适宜创业、适宜生活和居住的城市形象。充分利用建成区周边的自然环境优势，做好城市规划、园林建设、水土保持和风景绿化等工作。严格保护区域的自然景观风貌，做好工业开发、城镇建设和景观的协调，确保居民能人人享有一定的绿地空间，并根据区域自然环境特点，建设生态隔离带或绿化隔离带。

### （二）工业园区

大连市工业园区主要位于中心城区、旅顺城区。这些区域作为政治、经济、文化和交通中心，以商贸、办公、文化、教育、旅游等职能为主。长兴岛、花园口、庄河等鼓励发展区将是未来工业经济发展较快的区域。城市产业结构、工业布局不合理的问题仍然突出，工业布局和产业结构调整的任务仍然非常严峻，该区应调整土地利用结构，合理利用土地，使经济实现可持续发展。在发展工业、港口、船舶制造业建设过程中，要切实抓好环境保护工作，防止工业污染对环境的破坏。工业园区需不断提高环境保护要求，提高环境资源利用效率，推进产业入园，努力提升传统优势产业，加快发展高新技术产业和现代服务业，形成与环境相协调的产业发展新格局。严格执行环境影响评价制度和水、气、声、渣污染排放控制管理规定，加强循环经济建设和清洁生产审核，积极开展园区 ISO 14000 环境管理体系认证。建设和完善园区排水系统，加强园区配套污水处理设施或企业污水处理厂的建设，严格控制污染。

## 第六节　大连市城市发展生态空间格局政策建议

### 一、水土保持规划建议

由于快速的城市化进程，大连市的土地利用状况呈现城乡建设用地增加、耕地和林地减少的趋势，同时由于城市化过程中缺乏对资源的有效利用和对环境的保护，加之海水入侵等自然灾害，造成大连市水土流失和土壤侵蚀情况不容乐观。大连市2010年土壤侵蚀面积达到4427.07平方公里，占土地总面积的33.44%，土壤侵蚀比较严重，呈现土壤侵蚀面积大、强度高、人为破坏加剧的特点。虽然经过治理后土壤侵蚀面积有所减少，但是全市的土壤侵蚀现状仍不容乐观。大连市北部及南部区域土壤侵蚀敏感性高。为保持大连市的生态安全状况，应该采取有效措施开展水土流失综合治理。

#### （一）土壤侵蚀高敏感区

大连市土壤侵蚀高敏感区位于北三市北部及南部旅顺口区，区域内覆盖森林生态系统，植被覆盖率高。但是，由于山地生态系统坡度较陡，且土质松软、降水量多，在雨季极易发生泥石流、山体滑坡等自然灾害。首先，在水土流失严重地区实施退耕还林还草、土地整治、防风固沙、泥石流防治等工程措施。其次，要先封山育林、育草，进而营造水土保持林、薪炭林，采用坡耕地修建水平梯田工程、果园工程、小型蓄排工程等一系列的工程措施来控制水土流失。最后，应加大水土保持监测力度，加强小流域水土流失综合治理。

#### （二）土壤侵蚀低敏感区

土壤侵蚀低敏感区虽然水土流失情况不严重，但是应该坚持预防保护，以有效控制新的水土流失的产生和发展，保护治理成果、建立和完善管理体系。要加强对现有天然林、人工林及草地的全面保护，对局部水土流失区域进行开发性治理，搞好高效小流域和生态沟建设。水源地保护区应以保护水源地为中心，减少非点源污染和下游江河水库泥沙淤积，提高水资源利用率。以建立坡耕地为主攻方向，建设基本农田，实施改垄耕作，种植地埂职务带。在荒山荒地合理布置坡面拦蓄工程，辅以林草措施；在立地条件较好的地方可以建立山地果园，发展经济林。对现有的疏林地进行有计划的改造和保护，实施生态修复工程，在短期内快速恢复植被，增强保水保土和抗蚀能力，防止疏林地水土流失。在侵蚀沟道布设谷坊、塘坝，防止沟道下切和扩张。

## 二、生态林建设规划建议

森林受人为干扰的程度较低，景观破碎度较低，对森林资源的有效保护和发展可以提高大连市整体的NDVI、生态系统功能服务价值，进而在很大程度上影响区域的生态安全状况，因此林业的生态建设至关重要。近年来，大连市通过植树造林和森林资源保护，林业生态建设成果明显。《大连统计年鉴（2016）》的数据显示，全市森林面积为465 084.4公顷，人工林面积为416 428.1公顷，森林覆盖率达41.5%，当年营造林面积为18 793.3公顷，当年新封山育林面积为0公顷。虽然生态建设有明显成果，但仍存在森林资源总量不足、质量不高，经济效益不突出，林业产业不够发达等问题。

### （一）生态林建设规划

大连市生态林的规划建设应该重点抓好天然林保护工程、生态公益林工程、水源涵养林工程、国家森林公园工程、沿海防林带工程、荒山造林补植工程、封山育林工程、中幼林抚育工程、退耕还林工程、绿化村建设工程、绿色交通通道工程、河流生态治理工程、单位围绿工程等建设。在多种规划建设的基础之上进行封山育林、林分改造、抚育、人工促进植被演替、人工改善植被生长外部环境和人工加强森林植被保护等多种措施。

（1）沿海防林带工程以建设和完善泥海岸基干林带为重点，全面实施黄海、渤海沿岸荒山造林补植和低效林改造工程。

（2）水源涵养林工程以大中型水库汇流区域和主要河流源头、两岸为重点，全面实施水源涵养林、水土保持林和护岸林建设；将库区积水面的荒山、疏林地、柞蚕场并进行插“绿”，提高水源涵养能力；增加林草植被，防止水土流失，减少库容淤积，净化水质。

（3）荒山造林补植工程以瓦房店市西北部、西南部风沙干旱和生态脆弱地区为重点，全面抓好区市县零星荒地、裸露隙地、劣质林的造林、补植和改造。

（4）绿化村建设工程对千村万屯的居民居住地发展庭院林果经济。绿色交通通道工程将道路两侧的护路林栽满补齐或拓宽加密，提高绿化档次；对沿线两侧空闲地全部进行“串红插绿”，优化视野景观，为南来北往的中外游客提供舒适、优美的旅途环境。

（5）河流生态治理工程对大中河流沿岸的护岸林进行完善提高和适度拓宽，防止泄洪，保护农田；禁止乱取沙、乱挖土，并采取生物与工程治理相结合的措施，保持水土，净化水源。

（6）单位围绿工程对单位的院落、场部进行绿化、美化；对区域外围进行围绿并基本达到花园式单位标准。巩固、提高退耕还林成果，加大后期培育力度，确保成林成材；突出重点区位，有计划地将大河两岸、交通要道两侧等地林中、林缘25度以上的坡耕地停耕还林还草，以改善生态环境和防止水土流失。

（7）中幼林抚育工程对人工林中的中龄林、幼龄林采取人工除密留疏、除弱扶壮等措施，适度调整树木生长空间和营养面积，促进树木成林成材。封山育（护）林工程对高山、远山、石质山和具有天然萌生能力的疏林地、灌木林地进行封山育林，保护植物群落，并辅以人工补植措施，促进植被恢复；将新植幼林地封住管严，确保其成活成林。

### （二）森林生态系统治理保护机制

除上述生态林建设规划的具体工程之外，也应建立适宜的森林生态系统治理保护的机制，包括责任分担机制、有序参与机制、评价激励机制、制度赋权机制、利益均衡机制、诉求表达机制及矛盾调处机制。

1. 责任分担机制

森林的保护需要林业、住建、水利、公路、农业等多部门各司其职、有序合作，而林业部门只是其中之一。森林的治理需要建立责任分担机制，各治理主体要承担相应的责任。城市政府要切实承担起森林建设的组织者及监督管理者、财政支持者、法律的制定及执行者、森林建设绩效考核评价激励者、生态道德意识的倡导者的责任。公众要承担起梳理生态价值观，养成生态行为，对森林运营提供建议，参与环境保护及履行监督责任，共同负责促进城市森林的协同治理。

2. 有序参与机制

发挥市场机制的决定性作用，加强与外界环境进行物质、能量和信息交流，积极引入有利于系统协同发展的能量，不断引入政策、人才、技术、项目、资金、需求等资源，促进系统协同发展；要构建开放式森林决策机制，将社会公众引入森林的保护管理过程。

3. 评价激励机制

保证森林保护治理机制有序运行，就要采取一定措施，激励各协同治理主体积极参与，并对各治理主体的绩效进行客观公正的评价，即通过建立评价激励机制，为森林治理提供不竭动力，促进其内部平衡有序运行。

4. 制度赋权机制

制度赋权机制是指通过制度建设促进治理主体依法作为、积极作为、合法作为，促进森林可持续发展的机制，建立健全森林的法律、法规、规章体系，依法实施森林建设，维护城市生态安全。

5. 利益均衡机制

通过建立森林协同治理主体间的利益均衡机制，可以有效调节分化的利益，从而避免、抑制乃至化解利益关系的过度失衡，实现森林协同治理主体行动的协同，建立信息获取机制、利益凝聚机制、压力施加机制、利益分配机制。

6. 诉求表达机制

建立诉求表达机制，健全听证、表达、监督及举报等制度与程序，以确保森林各治理主体的诉求均能得到平等且充分的表达。

7. 矛盾调处机制

建立森林协同治理的矛盾调处机制，保障森林治理主体在出现相互间利益冲突时，运用此机制终止其矛盾，抑制由主体间内耗引发的摩擦力。

## 三、生物多样性保护规划建议

大连市的景观多样性指数整体较高，但是各个城区之间存在差异。大连市气候适宜，生态环境良好，动植物种类多，但是近年来由于城市化进程加快，人类经济活动对生态环境的破坏逐渐加重。长兴岛工业园区的开发及经济建设，对长兴岛海域造成了环境影响，已经干扰到辽宁大连斑海豹国家级自然保护区中斑海豹繁育的生态环境；旅顺老铁山的旅游及经济建设，对作为候鸟迁徙的辽宁蛇岛老铁山国家级自然保护区的生态环境造成了影响。大连市中心城区景观多样性指数较低，景观较单一，生态环境结构简单导致其自动调节能力弱，环境污染自净能力很低，对区域内生物多样性的维持和保护造成了不利影响。

保护生物多样性首先应做到确定需要保护的生态系统及人工生物群落。对植被覆盖度高、具有重要生态功能的生态系统，如风景林、生态林及动植物自然保护区等，要加强对这些区域的管理和保护，特别是对这些生态系统和植物群落的生长环境的管理和保护，严格禁止破坏生态环境，如捕杀野生动物和砍伐林木的违法行为。其次，要加强湿地、自然保护区及生态旅游景区的保护与建设。

湿地被誉为“地球之肾”，是人类赖以生存和维持发展的重要的生态基础。大连市湿地保护区域主要有复洲湾、普兰店湾、金州湾、大连湾及其他海湾、河滩与河流入海口一带。为加强大连市湿地保护与建设，要加大监管力度，控制侵占和污染，使自然湿地面积萎缩和能力退化的趋势得到初步扭转，要有计划、有重点地实施湿地抢救性保护措施，实行退养还滩、封滩育草，治理污染，加强湿地保护区建设，维护生物多样性。

大连市各类保护区共有 12 个，其中有国家级自然保护区 4 个。要着重加强国家级自然保护区的基本建设，使其发挥示范功能。保护自然生态系统、珍稀濒危野生动植物物种的天然集中分布区，并加强自然保护区规划的编制工作。

大连市是我国著名的避暑胜地和旅游热点城市，有金石滩国家级风景名胜区、大连滨海—旅顺口国家级风景名胜区、长山列岛省级风景名胜区、老帽山风景名胜区、巍霸山城风景名胜区，以及森林动物园、星海广场、虎滩乐园、滨海路、棒棰岛等丰富的旅游资源。在规划期内，把旅游业培育成为大连市国民经济支柱产业的同时，加强生态保护建设，开发生态文化内涵，发展生态休闲、生态林业、生态观光疗养旅游，将大连市建设成为东北亚生态滨海旅游中心城市。

## 四、保障措施建议

为更快更好地落实大连市自然保护工作，除加强水土保持、生态林建设及生物多样性保护外，更应从制度和保障入手，确保相关保护措施的贯彻落实。

### （一）法制保障

法制保障方面应健全相关政策法规，加快环保法制建设。首先，在生态保护区建设、生态补偿、海洋环境保护等方面加强环境立法，建立、健全环境保护准入机制，建立基于环境审计和排放绩效的企业环境报告制度。其次，加强环境保护和污染防治的立法工作，不断完善地方环境法规体系。最后，在此基础上结合大连市实际情况，建立健全污染物削减、污染物排放总量控制、区域限批、企业环境诚信、生态污染补偿等适合大连市特点的环境法律制度。

### （二）行政保障

行政保障方面，首先应加强环境监督管理，进一步完善工业园区建设和落实规划环评制度，整合环境监测系统，建立信息共享、互为补充、互相印证的职能监测系统。其次应推进依法行政，加强法制机构能力建设，积极开展综合执法的改革工作，整合执法力量，实现各项执法任务的协调统一，把行政执法提高到一个新水平，适应建设法治政府的需要。最后应扩大环保宣传，建立顺畅的信息公开和公众参与渠道，动员公众积极参与城市建设和环境保护，利用宣传教育传递信息，引导舆论，监督、规范公众行为，普及环保知识，促使政府、企业和公众真正自觉地规范自身行为，并将有关措施切实地落实到日常的管理、生产和消费之中。

### （三）组织保障

组织保障方面，首先应建立三级垂直管理体制，全面提升和加强市环境保护部门的地位和能力，扩大环境管理机构设置规模，规范工业园区环境管理机构。加强乡镇环保部门的环境管理职能，将部分环境管理职能下放到乡镇，建成城市、区县、乡镇的三级垂直管理体制。其次应明确负责机构职能，明确各有关部门职责，加强规划实施的组织领导，狠抓目标和任务的分解落实，在规划实施、组织建设、投资、政策引导等方面发挥主导作用。再次应建立规划实施评估与滚动修订机制，每年相关部门负责人需报告规划实施情况。最后应建立管护责任制度，各专项需要多部门合作，需在多部门协作中建立严密的工作程序，加强合作，提高工作效率，避免出现推诿或疏漏的情况。

### （四）资金保障

环境保护和生态建设需要资金支持。首先，建立专项资金，诸如控制农业面源项目补贴、城市污水处理厂升级改造补贴、农业节水项目补贴等。其次，建立合理资金筹措方式，按照“谁投资谁受益，谁污染谁治理”的原则，建立相应的环境政策体系。最后，全程监督资金用途，明确资金用途，保证专款专用，提高资金使用效率。

# 参考文献


安冬，邓伟. 2016. 基于敏感性分析的生态脆弱区生态安全格局构建——以陕西省榆林市为例[J]. 安徽农业科学，44（7）：127-131.

白杨，王敏，李晖，等. 2017. 生态系统服务供给与需求的理论与管理方法[J]. 生态学报，37（17）：5846-5852.

毕瑜菲. 2014. 生态城市的内涵、特征以及发展措施[J]. 门窗，（4）：248，250.

蔡锡安，任海，彭少麟，等. 1996. 鹤山南亚热带草坡生态系统的生物量和生产力研究[J]. 生态科学，（1）：13-18.

曹红玉. 2009. 重庆市合川区发展循环经济能值分析[J]. 知识经济，（10）：87-88.

曹建生，阳辉，张万军. 2018. 太行山区小流域生态修复及景观林建设技术探讨[J]. 防护林科技，（10）：87-89.

曹新向. 2006. 基于生态足迹分析的旅游地生态安全评价研究——以开封市为例[J]. 中国人口·资源与环境，16（2）：70-75.

陈东景，徐中民. 2002. 西北内陆河流域生态安全评价研究——以黑河流域中游张掖地区为例[J]. 干旱区地理，25（3）：219-224.

陈国阶. 2002. 论生态安全[J]. 重庆环境科学，24（3）：1-3，18.

陈海嵩. 2014. “生态红线”的规范效力与法治化路径——解释论与立法论的双重展开[J]. 现代法学，36（4）：85-97.

陈吉泉. 1996. 河岸植被特征及其在生态系统和景观中的作用[J]. 应用生态学报，7（4）：439-448.

陈剑阳，尹海伟，孔繁花，等. 2015. 环太湖复合型生态网络构建[J]. 生态学报，35（9）：3113-3123.

陈静. 2011. 基于PSR模型的开发区土地集约利用评价体系研究[D]. 西安：长安大学硕士学位论文.

陈静，张保卫，马克平，等. 2009. 中国保护生物学研究现状的文献计量学分析[J]. 生物多样性，17（4）：423-429.

陈久和. 2004. 杭州生态城市建设途径研究[J]. 地域研究与开发，23（4）：60-63.

陈利顶，孙然好，刘海莲. 2013. 城市景观格局演变的生态环境效应研究进展[J]. 生态学报，33（4）：1042-1050.

陈予群. 1997. 生态城市建设的思路和对策[J]. 生态经济，（3）：15-19.

程鹏，黄晓霞，李红旮，等. 2017. 基于主客观分析法的城市生态安全格局空间评价[J]. 地球信息科学学报，19（7）：924-933.

程漱兰，陈焱. 1999. 高度重视国家生态安全战略[J]. 生态经济，（5）：9-11.

崔胜辉，洪华生，黄云凤，等. 2005. 生态安全研究进展[J]. 生态学报，25（4）：861-868.

大连市环境总体规划编制领导小组. 2015. 大连市环境总体规划（2012—2020）[EB/LO]. https://max.book118.com/html/2018/1112/5002323334001330.shtm[2019-10-19].

大连市人民政府 2019. 经济结构大变革 三次产业协同发展[EB/LO]. http://www.dl.gov.cn/gov/detail/ detail.vm?diid=100B06003191009105819100457&lid=2_8_3[2019-10-4].

大连市生态环境局. 2016. 2015 年大连市环境状况公报[EB/LO]. http://cnews.chinadaily.com.cn/2016-06/06/content_25624676.htm[2019-08-21].

大连市统计局. 2018. 经济结构大变革 发展动能更加充沛[EB/LO]. https://www.baidu.com/link?url= hPSbrrLpg-EySs_End7-KKIB8qwlj1NscQFahf3NYT5PkNc9l_N98mN5rgB1WYGFvAZxtpSr3KBP652 TEwE48mk7bPEn2lTIJxy0LjpxtPGICz2NlmYNqKVmkfpTDn3y&wd=&eqid= e25e5cd200079d2a000000035f6c6530[2018-09-20].

大连市统计局. 2018. 2017 年大连市国民经济和社会发展统计公报[EB/LO]. http://www.tjcn.org/tjgb/06ln/35628.html[2019-11-10].

大连新闻网. 2019. 创新驱动大战略发展动能更充沛——新中国成立 70 年来大连发展成就系列报道之五[EB/LO]. http://www.dlxww.com/news/content/2019-10/07/content_2341058.htm[2019-10-18].

代稳，张美竹，秦趣，等. 2013. 基于生态足迹模型的水资源生态安全评价研究[J]. 环境科学与技术，36（12）：228-233.

邓妹凤. 2016. 榆林市生态系统服务供需平衡研究[D]. 西安：西北大学硕士学位论文.

狄涛. 2014. 现代田园城市规划理论的溯源与实践研究——以西咸新区为例[D]. 西安：长安大学硕士学位论文.

董高鸣，郭春荣. 2015. 西部能源开发区土地生态状况质量评价——以伊金霍洛旗为例[J]. 内蒙古师范大学学报（哲学社会科学汉文版），44（5）：73-76.

范海霞，陈建业，李玲，等. 2010. 生态城市建设途径探析——以许昌生态建设为例[J]. 安徽农业科学，（27）：15436-15439.

范小杉，高吉喜，何萍，等. 2018. 基于生态安全问题的生态保护红线管控方案[J]. 中国环境科学，38（12）：4749-4754.

方创琳. 2000. 西北干旱区生态安全系统结构与功能的监控思路初论[J]. 中国沙漠，20（3）：326-328.

方淑波，肖笃宁，安树青. 2015. 基于土地利用分析的兰州市城市区域生态安全格局研究[J]. 应用生态学报，16（12）：2284-2290.

方振锋. 2007. 基于改进 PSR 模型的生态安全评价研究——以深圳市宝安区为例[D]. 武汉：华中科技大学硕士学位论文.

冯帆，朱刚，高会军. 2011. 晋陕蒙接壤地区土地利用/覆盖变化及其驱动力研究——以神华集团大柳塔矿区为例[J]. 中国煤炭地质，23（3）：24-26，55.

傅伯杰，陈利项，马克明，等. 2001. 景观生态学原理及应用[M]. 北京：科学出版社.

傅强，顾朝林. 2017. 基于生态网络的生态安全格局评价[J]. 应用生态学报，28（3）：1021-1029.

高吉喜. 2014. 生态保护红线的划定与监管[J]. 中国建设信息化，（5）：52-55.

高吉喜. 2015. 探索我国生态保护红线划定与监管[J]. 生物多样性，23（6）：705-707.

高启晨，陈利顶，吕一河，等. 2005. 西气东输工程沿线陕西段区域生态安全格局设计研究[J]. 水土保持学报，1（4）：164-168.

高长波，陈新庚，韦朝海，等. 2006a. 区域生态安全：概念及评价理论基础[J]. 生态环境，15（1）：169-174.

高长波，陈新庚，韦朝海，等. 2006b. 熵权模糊综合评价法在城市生态安全评价中的应用[J]. 应用生态学报，17（10）：1923-1927.

龚建周，刘彦随，张灵. 2010. 广州市土地利用结构优化配置及其潜力[J]. 地理学报，65（11）：1391-1400.

关文彬，谢春华，马克明，等. 2003. 景观生态恢复与重建是区域生态安全格局构建的关键途径[J]. 生态学报，23（1）：64-73.

郭中伟. 2001. 建设国家生态安全预警系统与维护体系——面对严重的生态危机的对策[J]. 科技导报，19（1）：54-56.

韩增林，彭飞. 2011. 基于生态环境发展的大连全域城市化对策分析[J]. 决策咨询，（1）：58-61.

何春阳，史培军，陈晋，等. 2001. 北京地区土地利用覆盖变化研究[J]. 地理研究，20（6）：679-687，772.

何春阳，史培军，李景刚，等. 2004. 中国北方未来土地利用变化情景模拟[J]. 地理学报，59（4）：599-607.

何亚娟，王飞，吴全，等. 2008. 土地利用中线状地物在遥感影像中的变化规律[J]. 农业工程学报，24（12）：111-115.

侯春飞，韩有志，李岱青，等. 2016. 深圳市大鹏新区生态保护红线划定技术方法研究[J]. 环境科学学报，（3）：1106-1112.

侯鹏，杨旻，翟俊，等. 2017. 论自然保护地与国家生态安全格局构建[J]. 地理研究，（3）：420-428.

胡道生，宗跃光，许文雯. 2011. 城市新区景观生态安全格局构建——基于生态网络分析的研究[J]. 城市发展研究，（6）：37-43.

胡海德，李小玉，杜宇飞. 2013. 大连城市生态安全格局的构建[J]. 东北师大学报（自然科学版），45（1）：138-143.

胡秀芳，赵军，查书平，等. 2011. 草原生态安全模糊评价方法研究——以甘肃天祝高寒草原为例[J]. 干旱区资源与环境，25（3）：71-77.

黄光宇，陈勇. 1997. 生态城市概念及其规划设计方法研究[J]. 城市规划，1997（6）：17-20.

黄国和，安春江，范玉瑞，等. 2016. 珠江三角洲城市群生态安全保障技术研究[J]. 生态学报，（22）：7119-7124.

黄桐毅，骆有庆，宗世祥. 2011. 中国森林景观生态学研究进展[J]. 黑龙江科技信息，（10）：209-211.

黄智洵，王飞飞，曹文志. 2018. 耦合生态系统服务供求关系的生态安全格局动态分析——以闽三角城市群为例[J]. 生态学报，38（12）：4327-4340.

贾宝全，慈龙骏，高志刚，等. 2003. 鄂尔多斯高原土地沙化过程中自然与人为因素的定量分析[J]. 林业科学，39（6）：15-20.

贾艳红，赵军，南忠仁，等. 2006. 基于熵权法的草原生态安全评价——以甘肃牧区为例[J]. 生态学杂志，25（8）：1003-1008.

蒋大林，曹晓峰，匡鸿海，等. 2015. 生态保护红线及其划定关键问题浅析[J]. 资源科学，37（9）：1755-1764.

角媛梅，肖笃宁，程国栋. 2002. 亚热带山地民族文化与自然环境和谐发展实证研究——以云南省元阳县哈尼族梯田文化景观为例[J]. 山地学报，20（3）：266-271.

来洁，欢欢. 2012. 环境与人群——城市生态学理论概述[J]. 公共艺术，（5）：38-45.

郎文婧，李效顺，卞正富. 2017. 徐州市区土地利用格局变化分析及其空间扩张模拟[J]. 生态与农村环境学报，（7）：592-599.

雷吉斯特 R，林光奕. 2002. 实验城市与政府投资[J]. 现代城市研究，（2）：19-26.

黎晓亚，马克明，傅伯杰，等. 2004. 区域生态安全格局：设计原则与方法[J]. 生态学报，24（5）：1055-1062.

李传哲，于福亮，刘佳，等. 2011. 近 20 年来黑河干流中游地区土地利用/覆被变化及驱动力定量研究[J]. 自然资源学报，26（3）：353-363.

李干杰. 2014，“生态保护红线”——确保国家生态安全的生命线[J]. 求是，（2）：44-46.

李昊，李世平，银敏华. 2016. 中国土地生态安全研究进展与展望[J]. 干旱区资源与环境，30（9）：50-56.

李晖，易娜，姚文璟，等. 2011. 基于景观安全格局的香格里拉县生态用地规划[J]. 生态学报，31（20）：5928-5936.

李建龙，刚成诚，李辉，等. 2015. 城市生态红线划分的原理、方法及指标体系构建——以苏州市吴中区为例[J]. 天津农业科学，21（2）：57-67.

李亮. 2014. 基于循环经济理论的生态城市建设途径研究[J]. 湖南科技学院学报，（11）：116-117.

李林，周航. 2012. 我国城市建设规划的低碳生态城新模式探讨[J]. 商业时代，（7）：13-14.

李梦娜. 2018. 循环经济理论研究[J]. 山西农经，237（21）：12-13.

李强，张鲸. 2019. 理性与西方城市规划理论[J]. 城市发展研究，（4）：17-24.

李双成，蔡运龙. 2002. 基于能值分析的土地可持续利用态势研究[J]. 经济地理，22（3）：346-350.

李绥，石铁矛，付士磊，等. 2011. 南充城市扩展中的景观生态安全格局[J]. 应用生态学报，

22（3）：734-740.

李团胜，刘哲民. 2003. 人居环境建设的景观生态学途径——以西安市为例[J]. 生态学杂志，（4）：121-124.

李团胜，石玉琼. 2009. 景观生态学[M]. 北京：化学工业出版社.

李玮，秦大庸，褚俊英，等. 2010. 基于情景分析法的污染物排放趋势研究[J]. 水电能源科学，28（5）：36-39.

李杨帆，林静玉，孙翔. 2017. 城市区域生态风险预警方法及其在景观生态安全格局调控中的应用[J]. 地理研究，（3）：485-494.

李咏红，香宝，袁兴中，等. 2013. 区域尺度景观生态安全格局构建——以成渝经济区为例[J]. 草地学报，21（1）：18-24.

李咏华. 2011. 基于 GIA 设定城市增长边界的模型研究[D]. 杭州：浙江大学博士学位论文.

李咏华，赵宁. 2008. 生态敏感区建筑遗产群保护规划方法探索——以浙江大学之江校区为例[J]. 浙江大学学报（理学版），35（6）：707-713.

李月辉，胡志斌，高琼，等. 2007. 沈阳市城市空间扩展的生态安全格局[J]. 生态学杂志，26（6）：875-881.

李中才，刘林德，孙玉峰，等. 2010. 基于 PSR 方法的区域生态安全评价[J]. 生态学报，30（23）：6495-6503.

李宗尧，杨桂山，董雅文. 2007. 经济快速发展地区生态安全格局的构建——以安徽沿江地区为例[J]. 自然资源学报，22（1）：106-113.

林勇，樊景凤，温泉，等. 2016. 生态红线划分的理论和技[J]. 生态学报，36（5）：1244-1252.

刘晟呈. 2009. 城市空间拓展应重视土地的生态价值——天津滨海新区土地资源集约利用和保护的研究[A]//中国地市规划学会. 城市规划和科学发展——2009 中国城市规划年会论文集. 天津：天津科学技术出版社：231-234.

刘冬，林乃峰，邹长新，等. 2015. 国外生态保护地体系对我国生态保护红线划定与管理的启示[J]. 生物多样性，23（6）：708-715.

刘国华. 2016. 西南生态安全格局形成机制及演变机理[J]. 生态学报，（22）：7088-7091.

刘红，王慧，刘康. 2005. 我国生态安全评价方法研究述评[J]. 环境保护，（8）：34-37.

刘吉平，吕宪国，杨青，等. 2009. 三江平原东北部湿地生态安全格局设计[J]. 生态学报，29（3）：1083-1090.

刘明，刘淳，王克林. 2007. 洞庭湖流域生态安全状态变化及其驱动力分析[J].生态学杂志，（8）：1271-1276.

刘琪，曹明明，胡胜，等. 2016. 基于景观结构的延河流域生态风险评价[J]. 河南农业大学学报，（2）：254-260.

刘小平，黎夏，彭晓娟. 2007. “生态位”元胞自动机在土地可持续规划模型中的应用[J]. 生态学报，27（6）：2391-2402.

刘彦随，方创琳. 2001. 陕西秦巴山地生态格局与农业资源持续利用模式研究[J]. 山地农业生物学报，20（1）：39-46.

刘洋，蒙吉军，朱利凯. 2010. 区域生态安全格局研究进展[J]. 生态学报，30（24）：6980-6989.

刘勇. 2004. 区域土地资源可持续利用的生态安全评价研究[D]. 南京：南京农业大学硕士学位论文.

刘勇，刘友兆，徐萍. 2004. 区域土地资源生态安全评价——以浙江嘉兴市为例[J]. 资源科学，26（3）：69-75.

龙宏，王纪武. 2009. 基于空间途径的城市生态安全格局规划[J]. 城市规划学刊，（6）：99-104.

陆学，陈兴鹏. 2014. 循环经济理论研究综述[J]. 中国人口•资源与环境，24（S2）：204-208.

陆禹，佘济云，罗改改，等. 2018. 基于粒度反推法和 GIS 空间分析的景观格局优化[J]. 生态学杂志，37（2）：534-545.

罗浩轩. 2017. 城乡一体化进程中的中国农村土地节约集约利用研究——基于改进的 PSR 模型[J]. 经济问题探索，（7）：38-46.

罗淞雅. 2016. 立体绿化在城市中的研究与应用[J]. 资源节约与环保，（7）：63.

罗毅. 2014. 湖北省耕地生态安全评价及时空演变研究[D]. 武汉：华中师范大学硕士学位论文.

罗跃初，韩单恒，王宏昌，等. 2004. 辽西半干旱区几种人工林生态系统涵养水源功能研究[J]. 应用生态学报，（6）：919-923.

吕红迪，万军，王成新，等. 2014. 城市生态红线体系构建及其与管理制度衔接的研究[J]. 环境科学与管理，39（1）：5-11.

马克明，傅伯杰，黎晓亚，等. 2004. 区域生态安全格局：概念与理论基础[J]. 生态学报，24（4）：761-768.

马克平，钱迎倩，王晨. 1995. 生物多样性研究的现状与发展趋势[J]. 科技导报，13（1）：27-30.

马世发，何建华，俞艳. 2010. 基于粒子群算法的城镇土地利用空间优化模型[J]. 农业工程学报，26（9）：321-326.

麦少芝，徐颂军，潘颖君. 2005. PSR 模型在湿地生态系统健康评价中的应用[J]. 热带地理，25（4）：317-321.

蒙吉军，燕群，向芸芸. 2014. 鄂尔多斯土地利用生态安全格局优化及方案评价[J]. 中国沙漠，34（2）：590-596.

蒙吉军，朱利凯，杨倩，等. 2012. 鄂尔多斯市土地利用生态安全格局构建[J]. 生态学报，32（21）：6755-6766.

孟令伟. 2019. 生态城市规划建设浅析[J]. 城市建设理论研究（电子版），（11）：7-8.

孟勤宪，赵齐宣，邹凯，等. 2017. 基于数值法的地下水饮用水源地生态红线划分研究[J]. 四川环境，36（4）：51-54.

穆少杰，李建龙，陈奕兆，等. 2012. 2001—2010 年内蒙古植被覆盖度时空变化特征[J]. 地理学报，67（9）：1255-1268.

年蔚，陈艳梅，高吉喜，等. 2017. 京津冀固碳释氧生态服务供——受关系分析[J]. 生态与农村环境学报，33（9）：783-791.

牛振国，李保国，张凤荣. 2002. 基于区域土壤水分供给量的土地利用优化模式[J]. 农业工程学报，18（3）：173-177.

欧定华，夏建国，张莉，等. 2015. 区域生态安全格局规划研究进展及规划技术流程探讨[J]. 生态环境学报，（1）：163-173.

帕克，伯吉斯，麦肯齐. 1987. 城市社会学[M]. 北京：华夏出版社.

潘竟虎，刘晓. 2015. 基于空间主成分和最小累积阻力模型的内陆河景观生态安全评价与格局优化——以张掖市甘州区为例[J]. 应用生态学报，26（10）：3126-3136.

潘鹏杰. 2010. 城市循环经济发展评价指标体系构建与实证研究[J]. 学习与探索，（5）：184-185.

潘星，胡可，石江南，等. 2016. RS 和 GIS 支持下的国家重点生态功能区县生态功能区划分方法研究——以四川宝兴县为例[J]. 测绘，（39）：60-64.

庞雅颂，王琳. 2014. 区域生态安全评价方法综述[J]. 中国人口·资源与环境，163（S1）：340-344.

裴欢，魏勇，王晓妍，等. 2014. 耕地景观生态安全评价方法及其应用[J]. 农业工程学报，

30（9）：212-219.

彭建，赵会娟，刘焱序，等. 2017. 区域生态安全格局构建研究进展与展望[J]. 地理研究，（3）：407-419.

皮家骏，欧阳澍，张带琴，等. 2018. 基于PSR-物元模型的水生态文明评价研究——以南昌市为例[J]. 水资源与水工程学报，29（1）：55-61.

皮庆，王小林，成金华，等. 2016. 基于PSR模型的环境承载力评价指标体系与应用研究——以武汉城市圈为例[J]. 科技管理研究，（6）：238-244.

蒲扬. 2015. 恢复生态学的理论与研究进展[J]. 生物技术世界，（3）：13.

普里马克，马克平，蒋志刚. 2014. 保护生物学[M]. 北京：科学出版社.

齐笑，陈诚，何梦男，等. 2018. 深圳市土地利用景观格局演变分析与情景模拟[J]. 地理空间信息，16（12）：88-91，11.

乔青，高吉喜，王维，等. 2008. 生态脆弱性综合评价方法与应用[J]. 环境科学研究，21（5）：117-123.

乔梓，陈思月，杨苑，等. 2015. 浅析生态城市、生态文明城市和水生态文明城市概念[J]. 经济研究导刊，（21）：175-176.

邱炳文，陈崇成. 2008. 基于多目标决策和CA模型的土地利用变化预测模型及其应用[J]. 地理学报，63（2）：165-174.

邱微，赵庆良，李崧，等. 2008. 基于“压力-状态-响应”模型的黑龙江省生态安全评价研究[J]. 环境科学，29（4）：1148-1152.

曲格平. 2002. 关注生态安全之一：生态环境问题已经成为国家安全的热门话题[J]. 环境保护，（5）：3-5.

任海，彭少麟. 2001. 恢复生态学导论[M]. 北京：科学出版社.

任建龙，赵巧娥，严志伟，等. 2019. 大数据下基于IPSO优化模糊PSR-KELM模型预测风功率[J]. 自动化与仪表，（8）：77-81，108.

任西锋，任素华. 2009. 城市生态安全格局规划的原则与方法[J]. 中国园林，25（7）：73-77.

沈清基，王玲慧. 2018.《城市生态学新发展》：解读、评析与思考[J]. 城市规划学刊，（2）：113-118.

施晓清，赵景柱，欧阳志云. 2005. 城市生态安全及其动态评价方法[J]. 生态学报，（12）：3237-3243.

史晓华. 2008. 西方城市规划理论研究对中国城市规划的启示——解读《规划理论的结构和争论》[J]. 河南科技，（9）：18-19.

宋国宝. 2006a. 西南纵向岭谷区土地利用/覆盖变化研究[D]. 呼和浩特市：内蒙古大学硕士学位论文：5.

宋文杰，张清，刘莎莎，等. 2018. 基于LUCC的干旱区人为干扰与生态安全分析——以天山北坡经济带绿洲为例[J]. 干旱区研究，（1）：235-242.

苏泳娴，张虹鸥，陈修治，等. 2013. 佛山市高明区生态安全格局和建设用地扩展预案[J]. 生态学报，33（5）：1524-1534.

孙江宁，汤姚楠，尚金玲. 2019. 2000年后中外生态城市建设比较及实施路径研究[J]. 城市发展研究，26（1）：110-115.

孙玉冰，邓守彦，李德志，等. 2010. 崇明县土壤主要理化指标的空间分布与变异特征[J]. 生态与农村环境学报，26（4）：306-312.

田治国，徐晓春，杨艳. 2019. 谈生态修复视野下的城市自然景观构建模式[J]. 山西建筑，45（2）：192-193.

王棒，关文彬，吴建安，等. 2006. 生物多样性保护的区域生态安全格局评价手段——GAP分析[J]. 水土保持研究，13（1）：192-196.

王成新，万军，吕红迪，等. 2016. 基于正反评价的福州市土地承载力预景分析[J]. 环境与可持续发展，41（6）：151-156.

王春叶. 2016. 基于遥感的生态系统健康评价与生态红线划分[D]. 上海：上海海洋大学博士学位论文.

王根绪，程国栋，钱鞠. 2003. 生态安全评价研究中的若干问题[J]. 应用生态学报，14（9）：1551-1556.

王贯中，王惠中，吴云波，等. 2010. 生态文明城市建设指标体系构建的研究[J]. 污染防治技术，（1）：55-59.

王让虎，李晓燕，张树文，等. 2014. 东北农牧交错带景观生态安全格局构建及预警研究——以吉林省通榆县为例[J]. 地理与地理信息科学，30（2）：111-115，127.

王伟霞，张磊，董雅文，等. 2009. 基于沿江开发建设的生态安全格局研究——以九江市为例[J]. 长江流域资源与环境，18（2）：186-191.

王晓峰，吕一河，傅伯杰. 2012. 生态系统服务与生态安全[J]. 自然杂志，34（5）：273-276，

298.
王雪超，位贺杰，鲁纳川，等. 2017. 生态系统服务供给、消耗的平衡与盈余——以密云县为例[J]. 北京师范大学学报（自然科学版），53（3）：366-371.
王月健，徐海量，王成，等. 2011. 过去 30 年玛纳斯河流域生态安全格局与农业生产力演变[J]. 生态学报，31（9）：2539-2549.
温国胜. 2013. 城市生态学[M]. 北京：中国林业出版社.
邬建国. 1990. 自然保护区学说与麦克阿瑟-威尔逊理论[J]. 生态学报，10（2）：187-191.
邬建国，蔡兵. 1992. 美国生态系统研究中心协会（AERC）简介[J]. 生态学杂志，（2）：56.
吴豪，许刚，虞孝感. 2001. 关于建立长江流域生态安全体系的初步探讨[J]. 地域研究与开发，20（2）：34-37.
吴健生，张理卿，彭建，等. 2013. 深圳市景观生态安全格局源地综合识别[J]. 生态学报，33（13）：4125-4133.
吴开亚. 2003. 主成分投影法在区域生态安全评价中的应用[J]. 中国软科学，（9）：123-126.
吴全，梁洁，徐艳红，等. 2017. 内蒙古伊金霍洛旗生态保护红线研究[J]. 干旱区资源与环境，31（9）：176-183.
吴远翔，邵郁. 2011. 基于景观生态学理论的景观成本最小化途径[J]. 哈尔滨工业大学学报（社会科学版），（3）：82-88.
吴真，闫明豪. 2014. 我国自然保护区环境执法困境及对策[J]. 环境保护，42（23）：37-38.
吴忠诚，朱家明，邓卓航. 2018. 基于改进 PSR 模型的国家脆弱性评价体系[J]. 广西民族大学学报（自然科学版），24（3）：60-63.
肖笃宁. 2002. 干旱区生态安全研究的意义与方法[C]//中国生态学学会. 生态安全与生态建设——中国科协 2002 年学术年会论文集. 北京：中国生态学学会：30-34.
肖笃宁. 2010，景观生态学[M]. 北京：科学出版社.
肖笃宁，陈文波，郭福良. 2002. 论生态安全的基本概念和研究内容[J]. 应用生态学报，（3）：354-358.
肖佳媚，杨圣云. 2007. PSR 模型在海岛生态系统评价中的应用[J]. 厦门大学学报（自然科学版），46（S1）：191-196.
肖以恒，朱晓玥，杨春霞，等. 2017. 基于 RS 与 GIS 的旗山森林公园景观格局变迁分析[J]. 西南林业大学学报（自然科学），37（4）：140-149.

谢长坤，梁安泽，车生泉. 2018. 生态城市、园林城市和生态园林城市内涵比较研究[J]. 城市建筑，302（33）：16-21.

谢花林，李波. 2004. 城市生态安全评价指标体系与评价方法研究[J]. 北京师范大学学报（自然科学版），40（5）：705-710.

谢芮. 2014. 沙区聚落生态安全评价与生态安全格局构建[D]. 北京：北京林业大学硕士学位论文.

新浪大连. 2018. 致敬改革开放四十年打开蔚蓝记忆——为城市的未来寻找答案[EB/OL]. http://dl.sina. cn/news/2018-11-13/detail-ihmutuea9763914.d.html?vt=69[2020-01-16].

徐柏琪. 2015. 基于空间分析方法的土地利用变化驱动力研究[J]. 农业与技术，35（19）：189-191.

徐德琳，邹长新，徐梦佳，等. 2016. 基于生态保护红线的生态安全格局构建[J]. 生物多样性，23（6）：740-746.

徐昔保，杨桂山，张建明. 2009. 基于 DUEM 模型的兰州市城市土地利用变化[J]. 干旱区地理，32（2）：289-295.

许树柏. 1988. 实用决策方法：层次分析法原理[M]. 天津：天津大学出版社.

许田. 2008，西南纵向岭谷区生态安全评价与空间格局分析[D]. 呼和浩特：内蒙古大学硕士学位论文.

许妍，高俊峰，黄佳聪. 2010. 太湖湿地生态系统服务功能价值评估[J]. 长江流域资源与环境，19（6）：646-652.

许妍，梁斌，鲍晨光，等. 2013. 渤海生态红线划定的指标体系与技术方法研究[J]. 海洋通报，（4）：361-367.

严超，张安明，石仁蓉，等. 2017. 基于土地生态安全的黔江区土地利用结构优化[J]. 水土保持研究，（3）：270-276.

杨春红，张正栋，田楠楠，等. 2012，基于 P—S—R 模型的汕头市土地生态安全评价[J]. 水土保持研究，19（3）：209-214.

杨焕辉，赵明华，刘小平. 2007. 生态防护加固岩质边坡的机理分析及应用[J]. 公路工程，32（1）：47-50.

杨俊，李雪铭，孙才志，等. 2008. 基于 DPRSC 模型的大连城市环境空间分异[J]. 中国人口·资源与环境，18（5）：86-89.

杨莉，杨德刚，张豫芳，等. 2009. 新疆区域基础设施与经济耦合的关联分析[J]. 地理科学进展，28（3）：345-352.

杨柳，马克明，郭青海，等. 2004. 城市化对水体非点源污染的影响[J]. 环境科学，25（6）：32-39.

杨青生，乔纪纲，艾彬. 2013. 快速城市化地区景观生态安全时空演化过程分析——以东莞市为例[J]. 生态学报，33（4）：1230-1239.

杨青生，游细斌. 2016. 基于 CA 的多背景生态安全土地空间格局模拟[J]. 赣南师范学院学报，37（3）：67-71.

杨姗姗，邹长新，沈渭寿，等. 2016. 基于生态红线划分的生态安全格局构建——以江西省为例[J]. 生态学杂志，35（1）：250-258.

杨士弘，黄伟. 1992. 海南岛旅游气候资源及其开发利用[J]. 华南师范大学学报（自然科学版），（1）：33-40.

杨世凡，安裕伦. 2014. 生态恢复背景下喀斯特地区植被覆盖的时空变化——以黔中地区为例[J]. 地球与环境，42（3）：404-412.

杨天荣，匡文慧，刘卫东，等. 2017. 基于生态安全格局的关中城市群生态空间结构优化布局[J]. 地理研究，36（3）：441-452.

杨小艳，郑剑，冯建美，等. 2017. 基于生态因子耐受度的土地利用规划生态红线划定研究[J]. 地理与地理信息科学，33（5）：75-79.

杨子生，王云鹏. 2003. 基于水土流失防治的云南金沙江流域土地利用生态安全格局初探[J]. 山地学报，21（4）：402-409.

尹海伟. 2003. 山东经济增长与资源、环境时空变动及区域调控研究[D]. 济南：山东师范大学硕士学位论文.

游佐佳，孟勤宪，曾前勇，等. 2018. 土壤风险评价及空间分布的研究[J]. 中国环保产业，（1）：52-56.

于伯华，吕昌河. 2004. 基于 DPSIR 概念模型的农业可持续发展宏观分析[J]. 中国人口 • 资源与环境，（5）：70-74.

于潇，吴克宁，郧文聚，等. 2016. 三江平原现代农业区景观生态安全时空分异分析[J].农业工程学报，32（8）：253-259.

余作岳，彭少麟. 1996. 热带亚热带退化生态系统植被恢复生态学研究[M]. 广州：广东科技出版社.
俞孔坚. 1999. 生物保护的景观生态安全格局[J]. 生态学报，19（1）：8-15.
俞孔坚，李迪华，段铁武. 2001. 敏感地段的景观安全格局设计及地理信息系统应用——以北京香山滑雪场为例[J]. 中国园林，（1）：11-16.
俞孔坚，李海龙，李迪华，等. 2009C. 国土尺度生态安全格局[J]. 生态学报，（10）：5163-5175.
俞孔坚，乔青，李迪华，等. 2009a. 基于景观安全格局分析的生态用地研究——以北京市东三乡为例[J]. 应用生态学报，20（8）：1932-1939.
俞孔坚，王思思，李迪华. 2012. 区域生态安全格局：北京案例[M]. 北京：中国建筑工业出版社.
俞孔坚，王思思，李迪华，等. 2009b. 北京市生态安全格局及城市增长预景[J]. 生态学报，29（3）：1189-1204.
岳德鹏，王计平，刘永兵，等. 2007. GIS 与 RS 技术支持下的北京西北地区景观格局优化[J]. 地理学报，（11）：1223-1231.
曾振，周剑峰，肖时禹. 2014，基于生态干扰分析的城市生态安全格局构建及效益评估——以长沙市苏托垸为例[J]. 现代城市研究，（9）：84-90.
翟月鹏，陈艳梅，高吉喜，等. 2019. 京津冀水源涵养生态服务供体区与受体区范围的划分[J]. 环境科学研究，32（7）：1099-1107.
张兵，金凤君，胡德勇. 2007. 甘肃中部地区生态安全评价[J]. 自然灾害学报，16（5）：9-15.
张丁轩，付梅臣，陶金，等. 2013. 基于 CLUE-S 模型的矿业城市土地利用变化情景模拟[J]. 农业工程学报，29（12）：246-256，294.
张定青，孙亚萍，徐丽哲. 2018. 陕南移民安置区规划的景观生态学途径[J]. 建筑与文化，170（5）：109-111.
张凤荣，牛振国，陈焕伟，等. 2002. 伊金霍洛旗土地利用变化与可持续利用[J]. 中国沙漠，22（2）：166-171.
张桂和，徐碧玉，彭存智，等，2001. 安祖花茎段培养与离体繁殖[J]. 上海农业学报，17（3）：13-16.
张红旗，李家永，牛栋. 2003. 典型红壤丘陵区土地利用空间优化配置[J]. 地理学报，（5）：668-676.

张虹波，刘黎明，张军连，等. 2007. 区域土地资源生态安全评价的物元模型构建及应用[J]. 浙江大学学报（农业与生命科学版），33（2）：222-229.

张继权，伊坤朋，Hiroshi Tani，等. 2011. 基于 DPSIR 的吉林省白山市生态安全评价[J]. 应用生态学报，22（1）：189-195.

张藕香，李玮. 2010. 安徽省畜牧业可持续发展循环经济模式研究[J]. 生态经济，（3）：56-58，109.

张天荣，匡文慧，刘卫东，等. 2017. 基于生态安全格局的关中城市群生态空间结构优化布局[J]. 地理研究，36（3）：441-452.

张文斌. 2014. 基于改进 PSR 模型的西北干旱区土地利用系统健康评价——以玉门市为例[J]. 中国农学通报，（34）：74-80.

张文国，杨志峰. 2002. 基于指标体系的地下水环境承载力评价[J]. 环境科学学报，22（4）：541-544.

张箫，饶胜，何军，等. 2017. 生态保护红线管理政策框架及建议[J]. 环境保护，（23）：43-46.

张晓瑞，张飞舟. 2019. 快速城市化影响下超大型城市景观生态格局演变特征分析[J]. 中国农业大学学报，24（4）：157-166.

张艳芳，任志远. 2006. 区域生态安全定量评价与阈值确定的方法探讨[J]. 干旱区资源与环境，（2）：11-16.

张殷波，马克平. 2008. 中国国家重点保护野生植物的地理分布特征[J]. 应用生态学报，19（8）：1670-1675.

赵宏波，马延吉. 2014. 东北粮食主产区耕地生态安全的时空格局及障碍因子——以吉林省为例[J]. 应用生态学报，25（2）：515-524.

赵清，张珞平，陈宗团. 2009. 生态城市指标体系研究——以厦门为例[J]. 海洋环境科学，28（1）：92-95，112.

赵先贵，马彩虹，高利峰，等. 2007. 基于生态压力指数的不同尺度区域生态安全评价[J]. 中国生态农业学报，（6）：135-138.

郑华，欧阳志云. 2014. 生态红线的实践与思考[J]. 中国科学院院刊，29（4）：457-461，448.

周洪波. 2018. 我国生态城市发展与建设模式分析[J]. 现代经济信息，（27）：14.

周林飞，许士国，孙万光. 2008. 基于压力—状态—响应模型的扎龙湿地健康水循环评价研究[J]. 水科学进展，19（2）：205-214.

周梦甜，李军，朱康文. 2015. 西北地区 NDVI 变化与气候因子的响应关系研究[J]. 水土保持研究，22（3）：182-187.

周锐，王新军，苏海龙，等. 2014. 基于生态安全格局的城市增长边界划定——以平顶山新区为例[J]. 城市规划学刊，（4）：57-63.

周文华，王如松. 2005. 城市生态安全评价方法研究——以北京市为例[J]. 生态学杂志，24（7）：848-852.

周晓蔚. 2008. 河口生态系统健康与水环境风险评价理论方法研究[D]. 北京：华北电力大学（北京）博士学位论文.

朱恒槺，李锋，刘红晓，等. 2016. 城市生态基础设施辨识与模型构建：以广州市增城区为例[J]. 生态科学，35（3）：118-128.

朱莲莲，谢永宏，宋冰冰，等. 2016. 基于 DPSIR 模型的湖南省生态安全评价及安全格局分析[J]. 农业现代化研究，37（6）：1084-1090.

庄长伟，欧阳志云，徐卫华，等. 2009. 基于 MODIS 的海河流域生态系统空间格局[J]. 生态学杂志，28（6）：1149-1154.

邹长新，王丽霞，刘军会. 2015. 论生态保护红线的类型划分与管控[J]. 生物多样性，（6）：716-724.

左伟，王桥，王文杰，等. 2002. 区域生态安全评价指标与标准研究[J]. 地理学与国土研究，18（1）：67-71.

左伟，周慧珍，王桥. 2003. 区域生态安全评价指标体系选取的概念框架研究[J]. 土壤，35（1）：2-7.

张惠远，郝海广，翟瑞雪，等. 2017. “十三五”时期国家生态安全的若干问题及对策[J]. 环境保护，45（1）：25-30.

Aasbergpetersen K，Christensen P S，Winther S K. 1996. Demonstration of direct internal reforming for MCFC power plants[J]. Cell Biochemistry & Biophysics，66（3）：787-96.

Ahern T C. 1995. The effect of window state on user behavior in an on-line computer mediated conference[C]//Goldman S，Greeno J. The First International Conference on Computer Support for Collaborative Learning. Hillsdale：L. Erlbaum Associates Inc：1-7.

An H F，Zhao S Q. 2018. Evaluation of land ecological security in Liaoning Province based on grid[J]. IOP Conference Series：Earth and Environmental Science，178（1）：012047.

Asaad I，Lundquist C J，Erdmann M V，et al. 2017. Ecological criteria to identify areas for biodiversity conservation[J]. Biological Conservation，213：309-316.

Behrman P G，Woidneck R K，Soule C H，et al. 1985，Reservoir description of Endicott Field，Prudhoe Bay，Alaska[J]. Journal of Neural Engineering，13（2）：656.

Bisquert M，Bégué A，Deshayes M. 2015. Object-based delineation of homogeneous landscape units at regional scale based on MODIS time series[J]. International Journal of Applied Earth Observations and Geoinformation，37：72-82.

Byron C，Link J，Costa-Pierce B，et al. 2011. Calculating ecological carrying capacity of shellfish aquaculture using mass-balance modeling：Narragansett Bay，Rhode Island[J]. Ecological Modelling，222（10）：1743-1755.

Cairns S D.1995. The marine fauna of New Zealand：Scleractinia（Cnidaria：Anthozoa）[J]. New Zealand Oceanographic Institute Memoir，103：139.

Charnes A，Cooper W W.1980. Auditing and accounting for program efficiency and management efficiency in not-for-profit entities[J]. Accounting Organizations & Society，5（1）：87-107.

Christensen N L，Bartuska A M，Brown J H，et al. 1996. The repot of the Ecological Society of America committee on the scientific basis for ecosystem management[J]. Ecological Applications，6：665-691.

Chu X，Deng X Z，Jin G，et al. 2017. Ecological security assessment based on ecological footprint approach in Beijing-Tianjin-Hebei region，China[J]. Physics and Chemistry of the Earth，101：43-51.

Crow S M. 1999. Fragmented diplomacy：the impact of Russian governing institutions on foreign policy，1991-1996[J]. London School of Economics & Political Science，6：73-83.

Diao Z Y，Su D R，Lv S H，et al. 2015. A study of ecological security assessment for natural reserve[J]. Advanced Materials Research，1092-1093：1081-1086.

Dietz M S，Belote R T，Aplet G H，et al. 2015. The world's largest wilderness protection network after 50 years：an assessment of ecological system representation in the U.S. National Wilderness Preservation System[J]. Biological Conservation，184（17）：431-438.

Dramstad W E. 1996. Do bumblebees（Hymenoptera：Apidae）really forage close to their nests?[J]. Journal of Insect Behavior，9（2）：163-182.

Drew G S，Bissonette J A. 1997. Winter activity patterns of American martens（Martes americana）：rejection of the hypothesis of thermal-cost minimization[J]. Canadian Journal of Zoology，75（5）：812-816.

Forman G L. 1990. Comparative macro-and micro-anatomy of stomachs of macroglossine bats（Megachiroptera：Pteropodidae）[J]. Journal of Mammalogy，71（4）：555-565.

Forman R T T，Godron M. 1986. Landscape Ecology[M]. New York：John Wiley and Sons.

Forman R T T. 1995. Land Masaics：the Ecology of Landscapes and Regions[M]. Cambridge：Cambridge University Press：223-234.

Franklin J F. 1993. Preserving biodiversity：species，ecosystems，or landscapes?[J]. Ecological Applications，3（2）：202-205.

Franklin J F，Forman R T T.1987. Creating landscape patterns by forest cutting：Ecological consequences and principles[J]. Landscape Ecology，1（1）：5-18.

Fryer J F，Baylis S A，Gottlieb A L，et al. 2008. Development of working reference materials for clinical virology[J]. Journal of Clinical Virology，43（4）：367-371.

Gabriel C，Peyman A. 2006. Dielectric measurement：error analysis and assessment of uncertainty[J]. Physics in Medicine & Biology，51（23）：6033-6046.

Giger M L，Bae K T，Macmahon H.1994. Computerized detection of pulmonary nodules in computed tomography images[J]. Investigative Radiology，29（4）：459-465.

Golley F B，Bellot J. 1991. Interactions of landscape ecology，planning and design[J]. Landscape & Urban Planning，21（1-2）：3-11.

Gong J Z，Liu Y S，Xia B C，et al. 2009. Urban ecological security assessment and forecasting，based on a cellular automata model：a case study of Guangzhou，China[J]. Ecological Modelling，220（24）：3612-3620.

Grumbine R E. 1994. What is ecosystem management[J]. Conservation Biology，8：27-38.

Guo R，Wu T，Liu M R，et al.2019. The construction and optimization of ecological security pattern in the Harbin-Changchun urban agglomeration，China[J]. International Journal of Environmental Research and Public Health，16（7）：1190.

Haber W. 1990. Using landscape ecology in planning and management [M]//Changing Landscapes：An Ecological Perspective. New York：Springer：217-232.

Hagan R M，Butler A，Hill J M，et al. 1987. Effect of the 5-HT3 receptor antagonist，GR38032F，on responses to injection of a neurokinin agonist into the ventral tegmental area of the rat brain[J]. European Journal of Pharmacology，138（2）：303-305.

Han B，Liu H X，Wang R S. 2015. Urban ecological security assessment for cities in the Beijing-Tianjin-Hebei metropolitan region based on fuzzy and entropy methods[J]. Ecological Modelling，318：217-225.

He G，Yu B H，Li S Z，et al. 2018. Comprehensive evaluation of ecological security in mining area based on PSR-ANP-GRAY[J]. Environmental Technology，39（23）：3013-3019.

Hernάndez A，Miranda M，Arellano E C，et al. 2015. Landscape dynamics and their effect on the functional connectivity of a Mediterranean landscape in Chile[J]. Ecological Indicators，48：198-206.

Hobbs R J，Norton D A. 1996. Towards a conceptual framework for restoration ecology[J]. Restoration Ecology，4：93-110.

Hu Y D，Fudan G N，Lu J. 2012. Research on evaluation system of urban ecological safety[J]. Advanced Materials Research，468-471：2959-2962.

Huston R D. 1988. Acoustic phase measurements from volume backscatter[J]. Journal of the Acoustical Society of America，83（S1）：S48.

Jiang C H，Li G Y. 2019. Study about ecological security assessment of Beijing valley region based on PSR model——a case study of puwa valley region in Fangshan district[J]. IOP Conference Series：Earth and Environmental Science，281：012011.

Jiang X. 2011. Urban ecological security evaluation and analysis based on fuzzy mathematics[J]. Procedia Engineering，15：4451-4455.

Jo H K，Ahn T W. 2014. Application of natural forest structures to riparian greenways[J]. Paddy and Water Environment，12（S1）：99-111.

Kang P，Chen W P，Hou Y，et al. 2018. Linking ecosystem services and ecosystem health to ecological risk assessment：a case study of the Beijing-Tianjin-Hebei urban agglomeration[J]. Science of the Total Environment，636：1442-1454.

Kang P，Xu L Y. 2010. The urban ecological regulation based on ecological carrying capacity[J]. Procedia Environmental Sciences，2：1692-1700.

Kepe T，Scoones I. 1999. Creating grasslands：social institutions and environmental change in mkambati area，south Africa[J]. Human Ecology，27（1）：29-53.

Knight T，Greaves S，Wilson A，et al.1995. Variability in serum pepsinogen levels in an asymptomatic population[J]. European Journal of Gastroenterology & Hepatology，7（7）：647-654.

Larson L R，Green G T，Castleberry S B. 2011. Construction and validation of an instrument to measure environmental orientations in a diverse group of children[J]. Environment & Behavior，43（1）：72-89.

Li Z T，Yuan M J，Hu M M，et al. 2019. Evaluation of ecological security and influencing factors analysis based on robustness analysis and the BP-DEMALTE model：a case study of the Pearl River Delta urban agglomeration[J]. Ecological Indicators，101：595-602.

Liu P，Jia S J，Han R M，et al. 2018. Landscape pattern and ecological security assessment and prediction using remote sensing approach[J]. Journal of Sensors，（37）：1-14.

Louis E J，Haber J E.1990. Mitotic recombination among subtelomeric Y' repeats in Saccharomyces cerevisiae[J]. Genetics，124（3）：547-559.

Lu S S，Li J P，Guan X L，et al. 2018. The evaluation of forestry ecological security in China：developing a decision support system[J]. Ecological Indicators，91：664-678.

Ma L B，Bo J，Li X Y，et al. 2019. Identifying key landscape pattern indices influencing the ecological security of inland river basin：the middle and lower reaches of Shule River Basin as an example[J]. Science of the Total Environment，674：424-438.

MacMahon J A，Jordan W. 1994. Ecological restoration[J]. In：Meffe G K，Carroll D R，ed. Principles of Conservation Biology，Sunderland：Sinauer Associates，Inc：409-438.

Manel N，Kim F J，Kinet S，et al. 2003. The ubiquitous glucose transporter GLUT-1 is a receptor for HTLV[J]. Cell，115（4）：449-459.

Margules C R，Pressey R L. 2000. Systematic conservation planning[J]. Nature，405：243-253.

Martín-López B，Gómez-Baggethun E，García—Llorente M，et al. 2014. Trade-offs across value-domains in ecosystem services assessment[J]. Ecological Indicators，37：220-228.

Mathey F. 2008，Aerodynamic noise simulation of the flow past an airfoil trailing-edge using a hybrid zonal RANS-LES[J]. Computers & Fluids，37（7）：836-843.

Mayer A，Zelenyuk V. 2014. Aggregation of Malmquist productivity indexes allowing for reallocation of resources[J]. European Journal of Operational Research. 238（3）：774-785.

McHarg I L. 1969. Design with Nature[M]. New York：National History Press.

McHargue T R，Heidrick T L，Livingston J E. 1992，Tectonostratigraphic development of the Interior Sudan rifts，Central Africa[J]. Tectonophysics，213：187-202.

McNie M E，King D O. 1998. CMOS compatibiltity of high-aspect-ratio micromachining（HARM）in bonded silicon-on-insulator（BSOI）[C]//McNie M E. Micromachining and Microfabrication Process Technology Ⅳ. International Society for Optics and Photonics，3511：277-285.

Noss R F. 1990. Indicators for monitoring biodiversity：a hierarchical approach[J]. Conservation Biology，4（4）：355-364.

Palang H，Alumäe H，Mander Ü. 2010. Holistic aspects in landscape development：a scenario approach[J]. Landscape & Urban Planning，50（1）：85-94.

Parcerisas L，Marull J，Pino J，et al. 2012. Land use changes，landscape ecology and their socioeconomic driving forces in the Spanish Mediterranean Coast（El Maresme County，1850-2005）[J]. Environmental Science and Policy，23：120-132.

Pastor J. 1995. Society news：ecosystem management，ecological risk，and public policy[J]. BioScience，45：286-288.

Pearce D W，Turner R K. 1991. Economics of natural resources and the environment[J]. International Journal of Clinical & Experimental Hypnosis，40（1）：21-43.

Pearsall I A，Myers J H. 2000. Evaluation of sampling methodology for determining the phenology，relative density，and dispersion of western flower thrips（Thysanoptera：Thripidae）in nectarine orchards[J]. Journal of Economic Entomology，93（2）：494-502.

Peng J，Wang Y，Wu J，et al. 2006. Ecological effects associated with land-use change in China’s southwest agricultural landscape[J]. International Journal of Sustainable Development & World Ecology，13（4）：315-325.

Peng W F，Zhou J M. 2019. Development of land resources in transitional zones based on ecological security pattern：a case study in China[J]. Natural Resources Research，28（1）：1-18.

Pirages D.1999. Ecological security：micro-threats to human well-being[M]//Baudot B S，Moomaw W. People and their Planet：Searching for Balance. London：Palgrave Macmillan：284-298.

Register R. 1987. Ecocity Berkeley：Building Cities for a Healthy Future [M]. Berkeley：North Atlantic Books.

Roetter R P，Hoanh C T，Laborte A G，et al. 2005. Integration of systems Network（SysNet）tools for regional land use scenario analysis in Asia[J]. Environmental Modelling and Software，20（3）：291-307.

Ruan W Q，Li Y Q，Zhang S N，et al. 2019. Evaluation and drive mechanism of tourism ecological security based on the DPSIR-DEA model[J]. Tourism Management，75：609-625.

Sadeghi S H，Jalili K，Nikkami D. 2009. Land use optimization in watershed scale[J]. Land Use Policy，26（2）：186-193.

Saunders D A，Hobbs R J，Margules C R. 1991. Biological consequences of ecosystem fragmentation：a review[J]. Conservation Biology，5（1）：18-32.

Schenck J R，Hargie M P，Brown M S，et al. 1969. The enhancement of antibody formation by escherichia coli lipopolysaccharide and detoxified derivatives[J]. Journal of Immunology，102（6）：1411-1422.

Schroetter J M，Tremblay A，Bédard J H. 2005. Correction to “Structural evolution of the Thetford Mines Ophiolite Complex，Canada：Implications for the southern Quebec ophiolitic belt”[J]. Tectonics，24：TC2019.

Seppelt R，Bankamp D，Voinov A A，et al. 2013. Short communication：6th International Congress on Environmental Modelling and Software（iEMSs）：“Managing Resources of a Limited Planet：Pathways and Visions under Uncertainty”：a congress report[J]. Environmental Modelling & Software，43：160-162.

Seppelt R，Voinov A. 2002. Optimization methodology for land use patterns using spatially explicit landscape models[J]. Ecological Modelling，151（2）：125-142.

Shamsipur M，Ramezani M，Sadeghi M. 2009. Preconcentration and determination of ultra trace amounts of palladium in water samples by dispersive liquid-liquid microextraction and graphite furnace atomic absorption spectrometry[J]. Microchimica Acta，166（3-4）：235-242.

Shilabin A G，Hamann M T. 2011. In vitro and in vivo evaluation of select kahalalide F analogs with antitumor and antifungal activities[J]. Bioorganic & Medicinal Chemistry，19（22）：6628-6632.

Soulé M E. 1985. What is Conservation biology[J]. BioScience，35：727-734.

Su Y X，Chen X Z，Liao J S，et al. 2016. Modeling the optimal ecological security pattern for guiding the urban constructed land expansions[J]. Urban Forestry & Urban Greening，19：35-46.

Syrbe P U，Walz U. 2012. Spatial indicators for the assessment of ecosystem services：providing，benefiting and connecting areas and landscape metrics[J]. Ecological Indicators，21：80-88.

Tansley A G. 1935. The use and abuse of vegetational concepts and terms[J]. Ecology，16：284-307.

Temperton V M，Hobbs R J，Nuttle T，et al. 2004. Assembly rules and restoration ecology：bridging the gap between theory and practice[C]//Assembly Rules and Restoration Ecology：Bridging the Gap Between Theory and Practice.

Thompson J K，Dolce J J，Spana R E，et al. 1987，Emotionally versus intellectually based estimates of body size[J]. International Journal of Eating Disorders，6（4）：507-513.

Todd R E，Rudnick D L，Davis R E，et al. 2011. Underwater gliders reveal rapid arrival of El Niño effects off California’s coast[J]. Geophysical Research Letters，38（3）：45-53.

Troll C. 1939. Luftbidplan and oekologische bodenforschung[J]. Zeitschraft der Gesellschaft für Erdkunde zu Berlin，74：241-298.

Troll L E. 1971. The family of later life：a decade review[J]. Journal of Marriage & Family，33（2）：263-290.

Turner M G，Wear D N，Flamm R O. 1996. Land ownership and land-cover change in the southern Appalachian Highlands and the Olympic peninsula[J]. Ecological Applications，6(4)：1150-1172.

Vissers K，Adriaensen H，de Coster R，et al. 2003. A chronic-constriction injury of the sciatic nerve reduces bilaterally the responsiveness to formalin in rats：a behavioral and hormonal evaluation[J]. Anesthesia & Analgesia，97（2）：520-525.

Voinov A V，Grimes S M，Brune C R，et al. 2007. Test of nuclear level density inputs for Hauser-Feshbach model calculations[J]. Physical Review C，76（4）：044602.

Wack R L，Horwitz L. 1985. An alliance for economic revitalization[J]. Business & Health，2（3）：34-37.

Walters A H.（paperback）L. R. Brown building a sustainable society 1981 W. W. Norton & co. emmaus，pennsylvania 18049 433[J]. Environmentalist，1982，2（4）：364-365.

Wang D C，Chen J H，Zhang L H，et al. 2019. Establishing an ecological security pattern for urban agglomeration，taking ecosystem services and human interference factors into consideration[J]. PeerJ，7：e7306.

Wang F，Wang Q. 2018. Research on comprehensive assessment method of ecological security in urban new area oriented to planning—Qinhan new town in Xixian new area for example[J]. IOP Conference Series：Earth and Environmental Science，153：062021.

Wang S D，Wang X C，Zhang H B. 2015. Simulation on optimized allocation of land resource based on DE-CA model[J]. Ecological Modelling，314：135-144.

Wang Y，Pan J H. 2019. Building ecological security patterns based on ecosystem services value reconstruction in an arid inland basin：a case study in Ganzhou District，NW China[J]. Journal of Cleaner Production，241：118337.

Wang Z，Zhou J Q，Loaiciga H，et al. 2015. A DPSIR model for ecological security assessment through indicator screening：a case study at Dianchi lake in China[J]. PLoS One，10（6）：e0131732.

Wear D N，Turner M G，Flamm R O. 1996. Ecosystem management with multiple owners：Landscape dynamics in a southern Appalachian watershed[J]. Ecological Applications，6：1173-1188.

Wiens J A. 1999. The solution to ecological complexity [J]. Trends in Ecology & Evolution，14（8）：330-332.

Willis K J，Jeffers E S，Tovar C，et al. 2012. Determining the ecological value of landscapes beyond protected areas[J]. Biological Conservation，147（1）：3-12.

Wu C I，Liu C C，Wu Y Y. 2012. Assessment of urban river eco-security：an integrated index and forecast modeling system[J]. Applied Mechanics and Materials，71：2561-2566.

Wu G Q. 2001. Study on ecological safety and its evaluation of regional agricultural sustainable development[J]. Journal of Natural Resources，16（3）：227-233.

Wu J G. 1992. Balance of nature and environmental protection：a paradigm shift[C]//Proceedings of the 4th International Confernce of Asia Experts. Portland：Portland State University：1-20.

Wu X，Liu S L，Sun Y X，et al. 2019. Ecological security evaluation based on entropy matter — element model：a case study of Kunming city，southwest China[J]. Ecological Indicators，102：469-478.

Xu J Y，Fan F F，Liu Y X，et al. 2019. Construction of ecological security patterns in nature reserves based on ecosystem services and circuit theory：a case study in Wenchuan，China[J]. International Journal of Environmental Research and Public Health，16（17）：3220.

Yakowitz H. 1993. Waste management：What now? What next? An overview of policies and practices in the OECD area[J]. Resources Conservation & Recycling，8：131-178.

Yang S M. 2013. Evaluation on ecological security of land resources[J]. Advanced Materials Research，664：129-132.

Yanitsky O，Zaionchkovskaya Z. 1984. Soviet sociology relating to rural migrants in cities[J]. International Social Science Journal，36（3）：469-485.

Yu H H，Hur J M，Seo S J，et al. 2009. Protective effect of ursolic acid from *Cornus officinalis* on the hydrogen peroxide-induced damage of HEI-OC1 auditory cells[J]. American Journal of Chinese Medicine，37（4）：735-746.

Yu Q，Wilcox K R，la Pierre K J，et al. 2015. Stoichiometric homeostasis predicts plant species dominance，temporal stability，and responses to global change[J]. Ecology，96（9）：2328-2335.

Yu Z C. 1997. Late Quaternary paleoecology of Thuja and Juniperus（Cupressaceae）at Crawford Lake，Ontario，Canada：pollen，stomata and macrofossils[J]. Review of Palaeobotany & Palynology，96：241-254.

Zhang J J，Fu M C，Zhang Z Y，et al. 2014. A trade-off approach of optimal land allocation between socio-economic development and ecological stability[J]. Ecological Modelling，272：175-187.

Zhang L，Wang X，Zhang J J，et al. 2017. Formulating a list of sites of waterbird conservation significance to contribute to China's Ecological Protection Red Line[J]. Bird Conservation International，27（2）：153-166.

Zhang O W，Formankay J D. 1995. Structural characterization of folded and unfolded states of an SH3 domain in equilibrium in aqueous buffer[J]. Biochemistry，34（20）：6784-6794.

Zhang Y N，Whiting E，Balkcom D J. 2018. Assembling and disassembling planar structures with divisible and atomic components[J]. IEEE Transactions on Automation Science & Engineering，15（3）：945-954.

Zheng Y，Yu G，Zhong P L，et al. 2018. Integrated assessment of coastal ecological security based on land use change and ecosystem services in the Jiaozhou Bay，Shandong Peninsula，China[J]. Journal of Applied Ecology，29（12）：4097.

# 附　　录

**附表 1　大连市生态功能区分区方案及面积**

| 一级生态功能区 | | 二级生态功能区 | | 三级生态功能区 | | | |
|---|---|---|---|---|---|---|---|
| 编号 | 名称 | 编号 | 名称 | 编号 | 名称 | 主导功能 | 面积/平方公里 |
| 01 | 山地生态结构性控制区 | 0101 | 北部低山生态屏障区 | 010101 | 碧流河水库饮用水水源保护区 | 安全防护、生态修复、水土保持和水源涵养功能 | 840.78 |
| | | | | 010102 | 英那河水库饮用水水源保护区 | 安全防护、生态修复、水土保持和水源涵养功能 | 370.80 |
| | | | | 010103 | 朱限子水库饮用水水源保护区 | 安全防护、生态修复、水土保持和水源涵养功能 | 228.63 |
| | | | | 010104 | 转角楼水库饮用水水源保护区 | 安全防护、生态修复、水土保持和水源涵养功能 | 135.70 |
| | | | | 010105 | 东风水库饮用水水源保护区 | 安全防护、生态修复、水土保持和水源涵养功能 | 358.41 |
| | | | | 010106 | 松树水库饮用水水源保护区 | 安全防护、生态修复、水土保持和水源涵养功能 | 306.02 |
| | | | | 010107 | 刘大水库饮用水水源保护区 | 安全防护、生态修复、水土保持和水源涵养功能 | 276.37 |
| | | | | 010108 | 大梁屯水库饮用水水源保护区 | 安全防护、生态修复、水土保持和水源涵养功能 | 45.26 |
| | | | | 010109 | 五四水库饮用水水源保护区 | 安全防护、生态修复、水土保持和水源涵养功能 | 26.31 |
| | | | | 010110 | 洼子店水库饮用水水源保护区 | 安全防护、生态修复、水土保持和水源涵养功能 | 12.45 |
| | | | | 010111 | 大沙河提水 | 安全防护、生态修复、水土保持和水源涵养功能 | 5.65 |
| | | | | 010112 | 八一水库水源涵养区 | 重要水源涵养功能、水土保持功能 | 56.10 |
| | | | | 010113 | 永记水库水源涵养区 | 重要水源涵养功能、水土保持功能 | 36.43 |
| | | | | 010114 | 红旗水库水源涵养区 | 重要水源涵养功能、水土保持功能 | 94.36 |
| | | | | 010115 | 辽宁仙人洞国家级自然保护区 | 生物多样性维护功能，重点保护赤松—栎林生态系统及珍稀濒危野生动植物资源 | 35.75 |

续表

| 一级生态功能区 | | 二级生态功能区 | | 三级生态功能区 | | | |
|---|---|---|---|---|---|---|---|
| 编号 | 名称 | 编号 | 名称 | 编号 | 名称 | 主导功能 | 面积/平方公里 |
| 01 | 山地生态结构性控制区 | 0101 | 北部低山生态屏障区 | 010116 | 银石滩国家森林公园 | 重点保护良好的森林生态系统，为中心城市生态安全提供保障 | 5.70 |
| | | | | 010117 | 辽宁普兰店国家森林公园 | 重点保护良好的森林生态系统，为中心城市生态安全提供保障 | 110.00 |
| | | | | 010118 | 大连南部海滨—旅顺口国家级风景名胜区 | 重点保护海滨景观 | 105.00 |
| | | | | 010119 | 庄河北部土壤侵蚀高度敏感区 | 土壤侵蚀高度敏感，不宜开发建设，应重点保护 | 153.70 |
| | | | | 010120 | 普兰店中部土壤侵蚀高度敏感区 | 土壤侵蚀高度敏感，不宜开发建设，应重点保护 | 29.46 |
| | | | | 010121 | 李官镇北部土壤侵蚀高度敏感区 | 土壤侵蚀高度敏感，不宜开发建设，应重点保护 | 59.70 |
| | | | | 010122 | 北部山区土壤侵蚀中度敏感区 | 较易引起土壤侵蚀，应引导性开发利用 | 1016.55 |
| | | | | 010123 | 庄河北部生态系统维护区 | 发挥水土保持，生态防护等功能作用，为城市发展提供安全屏障 | 177.60 |
| | | | | 010124 | 瓦房店北部生态系统维护区 | 发挥水土保持，生态防护等功能作用，为城市发展提供安全屏障 | 200.84 |
| | | | | 010125 | 安波镇南部山体生态防护区 | 重点山体防护功能、维护区域生态安全 | 41.17 |
| | | 0102 | 中部低山生态控制区 | 010201 | 鸽子塘水库饮用水水源保护区 | 安全防护、生态修复、水土保持和水源涵养功能 | 50.38 |
| | | | | 010202 | 卧龙水库饮用水水源保护区 | 安全防护、生态修复、水土保持和水源涵养功能 | 44.27 |
| | | | | 010203 | 北大河水库饮用水水源保护区 | 安全防护、生态修复、水土保持和水源涵养功能 | 39.88 |
| | | | | 010204 | 登沙河提水 | 安全防护、生态修复、水土保持和水源涵养功能 | 10.41 |
| | | | | 010205 | 大连小黑山生态涵养水源保护区 | 水源涵养功能 | 42.10 |
| | | | | 010206 | 辽宁城山头海滨地貌国家级自然保护区 | 重点保护地址遗迹和鸟类资源 | 13.50 |
| | | | | 010207 | 大连老偏岛—玉皇顶海洋生态自然保护区 | 重点保护刺参等海珍生物、海洋生态系统 | 14.84（包括海域） |

续表

| 一级生态功能区 | | 二级生态功能区 | | 三级生态功能区 | | | |
|---|---|---|---|---|---|---|---|
| 编号 | 名称 | 编号 | 名称 | 编号 | 名称 | 主导功能 | 面积/平方公里 |
| 01 | 山地生态结构性控制区 | 0102 | 中部低山生态控制区 | 010208 | 金石滩国家级风景名胜区 | 重点保护地质地貌、沉积岩石、古生物化石 | 120.00 |
| | | | | 010209 | 大连海滨国家地质公园（大黑山） | 重点保护水观景观区、朝阳寺景观区 | 79.13 |
| | | | | 010210 | 大连海滨国家地质公园（金石滩） | 重点保护玫瑰园景观区，大鹏展翅景观区、龟裂石景观区 | 64.50（包括海域） |
| | | | | 010211 | 大连海滨国家地质公园（南部海岸） | 重点保护龙飞凤舞景观区，龙王庙景观区 | 28.91 |
| | | | | 010212 | 主城区土壤侵蚀高度敏感区 | 土壤侵蚀高度敏感，不宜开发建设，应重点保护 | 121.02 |
| | | | | 010213 | 主城区土壤侵蚀中度敏感区 | 较易引起土壤侵蚀，应引导性开发利用 | 75.23 |
| | | | | 010214 | 城市绿地 | 缓解城市热岛效应，为城市提供制氧、景观、调节微气候服务功能 | 103.25 |
| | | | | 010215 | 金州中南部土壤侵蚀中度敏感区 | 较易引起土壤侵蚀，应引导性开发利用 | 205.15 |
| | | 0103 | 南部低山生态防护区 | 010301 | 牧城驿水库饮用水水源保护区 | 安全防护、生态修复、水土保持和水源涵养功能 | 13.00 |
| | | | | 010302 | 大西山水库饮用水水源保护区 | 安全防护、生态修复、水土保持和水源涵养功能 | 30.07 |
| | | | | 010303 | 王家店水库饮用水水源保护区 | 安全防护、生态修复、水土保持和水源涵养功能 | 31.33 |
| | | | | 010304 | 凌水水库饮用水水源保护区 | 安全防护、生态修复、水土保持和水源涵养功能 | 12.24 |
| | | | | 010305 | 老座山水库饮用水水源保护区 | 安全防护、生态修复、水土保持和水源涵养功能 | 19.48 |
| | | | | 010306 | 龙王塘水库饮用水水源保护区 | 安全防护、生态修复、水土保持和水源涵养功能 | 37.66 |
| | | | | 010307 | 小孤山水库饮用水水源保护区 | 安全防护、生态修复、水土保持和水源涵养功能 | 28.70 |
| | | | | 010308 | 辽宁省蛇岛老铁山国家级自然保护区 | 重点保护蛇岛的蝮蛇等蛇类及老铁山的鸟类及其栖息地 | 145.95 |
| | | | | 010309 | 辽宁金龙寺国家森林公园 | 重点保护良好的森林生态系统，为中心城市生态安全提供保障 | 21.38 |

续表

| 一级生态功能区 | | 二级生态功能区 | | 三级生态功能区 | | | |
|---|---|---|---|---|---|---|---|
| 编号 | 名称 | 编号 | 名称 | 编号 | 名称 | 主导功能 | 面积/平方公里 |
| 01 | 山地生态结构性控制区 | 0103 | 南部低山生态防护区 | 010310 | 寺儿沟水库饮用水水源保护区 | 安全防护、生态修复、水土保持和水源涵养功能 | 2.62 |
| | | | | 010311 | 旅顺口国家森林公园 | 重点保护良好的森林生态系统，为中心城市生态安全提供保障 | 27.41 |
| | | | | 010312 | 大赫山国家森林公园 | 重点保护良好的森林生态系统，为中心城市生态安全提供保障 | 52.44 |
| | | | | 010313 | 大连海滨国家地质公园（旅顺口） | 重点保护老虎嘴景观区、白玉山景观区、黄渤海分界线景观区 | 43.88（包括海域） |
| 02 | 丘陵农业—都市生态经济区 | 0201 | 丘陵河谷生态农业区 | 020101 | 大连骆驼山海滨森林公园 | 重点保护良好的森林生态系统，具有生态防护功能 | 41.66 |
| | | | | 020102 | 大连长兴岛海滨森林公园 | 重点保护良好的森林生态系统，具有生态防护功能 | 16.04 |
| | | | | 020103 | 普兰店湿地 | 生物多样性维护功能，重点保护各种鸟类，发挥湿地的生态效应 | 280.17 |
| | | | | 020104 | 平原农业生态区 | 以生态农业建设为主，保护基本农田，优化农业内部结构配置 | 4029.72 |
| | | | | 020105 | 花园口鼓励发展区 | 重点发展新材料和新能源产业、精细化工、电子信息、装备制造、承接国际国内重大产业转移项目 | 310.00 |
| | | | | 020106 | 长兴岛鼓励发展区 | 重点发展装备制造、船舶制造及配套、精品钢材、化工、铸造、建材 | 349.5 |
| | | | | 020108 | 庄河鼓励发展区 | 工业发展区 | 50.12 |
| | | | | 020109 | 普兰店鼓励发展区 | 工业发展区 | 48.55 |
| | | | | 020110 | 大连大黑石省级生态文化森林公园 | 重点保护良好的森林生态系统，为中心城市生态安全提供保障 | 17.60 |

续表

| 一级生态功能区 | | 二级生态功能区 | | 三级生态功能区 | | | |
|---|---|---|---|---|---|---|---|
| 编号 | 名称 | 编号 | 名称 | 编号 | 名称 | 主导功能 | 面积/平方公里 |
| 02 | 丘陵农业—都市生态经济区 | 0202 | 滨海都市生态经济区 | 020201 | 人居环境综合建设区 | 发展商贸金融、临港产业、港口、工业仓储、文教科研、旅游、水产养殖等综合服务职能，消减对环境的污染，优化人居环境建设 | 396.02 |
| | | | | 020202 | 旅顺北路经济发展带 | 发展石油、化工产品相关产业，优化生态环境 | 151.68 |
| | | | | 020203 | 双岛江西经济发展区 | 利用天然港口资源，发展以石油、化工为主的大型临港产业 | 38.15 |
| 03 | 海岛生态防护区 | 0301 | 东部海岛生态防护区 | 030101 | 大连长海海洋珍贵生物自然保护区 | 重点保护皱纹盘鲍、刺参等海珍品及温带岩礁生物群落 | 2.20（包括海域） |
| | | | | 030102 | 大连海王九岛海洋景观自然保护区 | 重点保护岛礁型基岩海岸、海滨地貌 | 21.43（包括海域） |
| | | | | 030103 | 大连长山列岛珍贵海洋生物自然保护区 | 重点保护皱纹盘鲍、刺参、光棘球海胆 | 4.13（包括海域） |
| | | | | 030104 | 大连石城乡黑脸琵鹭自然保护区 | 重点保护黑脸琵鹭、黄嘴白鹭 | 135.90（包括海域） |
| | | | | 030105 | 辽宁长山群岛国家海岛森林公园 | 重点保护良好的森林生态系统，为海岛生态安全提供保障 | 72.00 |
| | | | | 030106 | 小龙口水库饮用水水源保护区 | 安全防护、生态修复、水土保持和水源涵养功能 | 0.97 |
| | | 0302 | 南部海岛生态防护区 | 030201 | 大连三山岛海珍品资源增养殖自然保护区 | 重点保护海参、海胆等海珍品资源 | 11.14（包括海域） |
| 04 | 近岸海域生态防护区 | 0401 | 典型海湾型港口发展和生态系统保护区 | 040101 | 金州七顶山—瓦房店好驼子港口、盐田、养殖区 | 重点发展港口、养殖区养殖业 | 1514.72 |
| | | | | 040102 | 旅顺老铁山西角—金州七顶山港口、旅游、海洋保护区 | 重点发展港口、旅游业，发挥海洋生态功能 | 1549.74 |
| | | 0402 | 近岸海域渔业与海洋生态系统保护区 | 040201 | 瓦房店好驼子—白砂湾养殖、旅游区 | 重点发展养殖、旅游业 | 998.08 |
| | | | | 040202 | 客运码头—旅顺老铁山西郊旅游、养殖区 | 重点发展养殖、旅游业 | 926.34 |
| | | | | 040203 | 庄河青堆子—登沙河湿地、港口、养殖、旅游区 | 重点发展港口、养殖、旅游业，重点保护湿地资源 | 1841.23 |

续表

| 一级生态功能区 | | 二级生态功能区 | | 三级生态功能区 | | | |
|---|---|---|---|---|---|---|---|
| 编号 | 名称 | 编号 | 名称 | 编号 | 名称 | 主导功能 | 面积/平方公里 |
| 04 | 近岸海域生态防护区 | 0403 | 典型海湾型港口发展和污染控制区 | 040301 | 东寺沟—客运码头港口、旅游、污染控制区 | 重点发展港口、旅游业，修复海洋生态功能 | 560.65 |
| | | | | 040302 | 登沙河口—东寺沟旅游、养殖、海洋保护区 | 重点发展旅游业、养殖业，重点保护海洋资源 | 501.24 |

**附表2　大连市自然保护区名录**

| 自然保护区名称 | 地理位置 | 主要保护对象 | 保护区级别 | 面积/平方公里 | 管理部门 |
|---|---|---|---|---|---|
| 辽宁蛇岛老铁山国家级自然保护区 | 旅顺口区 | 蝮蛇、候鸟及蛇岛特殊生态系统 | 国家级 | 145.95 | 环境保护局 |
| 辽宁城山头海滨地貌国家级自然保护区 | 金州区 | 地质遗迹及海滨喀斯特地貌 | 国家级 | 13.50 | 环境保护局 |
| 辽宁仙人洞国家级自然保护区 | 庄河市 | 森林及野生动植物 | 国家级 | 35.75 | 林业局 |
| 辽宁大连斑海豹国家级自然保护区 | 旅顺口区 | 斑海豹及海洋生态系统 | 国家级 | 6722.75 | 海洋与渔业局 |
| 长海海洋珍稀生物省级自然保护区 | 长海县 | 海洋珍稀生物 | 省级 | 2.20 | 环境保护局 |
| 金州小黑山水源涵养生态功能市级自然保护区 | 金州区 | 森林及野生动植物 | 市级 | 42.10 | 环境保护局 |
| 大连金石滩海滨地貌市级自然保护区 | 甘井子区 | 地质遗迹 | 市级 | 39.60 | 度假区 |
| 大连三山岛海珍品资源增养殖市级自然保护区 | 中山区 | 海洋珍稀生物及海洋生态系统 | 市级 | 11.03 | 海洋与渔业局 |
| 大连老偏岛-玉皇顶海洋生态市级自然保护区 | 甘井子区 | 海洋珍稀生物及海洋生态系统 | 市级 | 15.80 | 海洋与渔业局 |
| 大连海王九岛海洋景观市级自然保护区 | 庄河市 | 海滨地貌、海岸景观及鸟类 | 市级 | 21.43 | 海洋与渔业局 |
| 大连长山列岛珍贵海洋生物市级自然保护区 | 长海县 | 海洋珍稀生物 | 市级 | 4.13 | 海洋与渔业局 |

续表

| 自然保护区名称 | 地理位置 | 主要保护对象 | 保护区级别 | 面积/平方公里 | 管理部门 |
|---|---|---|---|---|---|
| 大连石城乡黑脸琵鹭市级自然保护区 | 庄河市石城乡 | 黑脸琵鹭、黄嘴白鹭等珍稀鸟类及其生境 | 市级 | 139.50 | 林业局 |
| 合计 | — | — | — | 7193.74 | — |

数据来源：《辽宁自然保护区名录（供参考）》

**附表 3　大连市风景名胜区名录**

| 风景名胜区名称 | 所在地点名称 | 级别 | 面积/平方公里 | 管理部门 |
|---|---|---|---|---|
| 金石滩国家级风景名胜区 | 金石滩旅游度假区 | 国家级 | 120.00 | 城市建设管理局 |
| 大连海滨—旅顺口国家级风景名胜区 | 中西沙南部海滨、旅顺口区 | 国家级 | 283.00 | 城市建设管理局 |
| 长山列岛省级风景名胜区 | 长海县 | 省级 | 127.40 | 城市建设管理局 |
| 老帽山风景名胜区 | 普兰店区同益街道 | 市级 | 25.35 | 城市建设管理局 |
| 巍霸山城风景名胜区 | 普兰店区星台街道 | 市级 | 2.00 | 城市建设管理局 |
| 合计 | — | — | 557.75 | — |

**附表 4　大连市森林公园名录**

| 森林公园名称 | 地理位置 | 主要树种 | 级别 | 面积/平方公里 | 管理部门 |
|---|---|---|---|---|---|
| 旅顺口国家森林公园 | 旅顺口区 | 日本黑松、落叶松 | 国家级 | 27.41 | 林业局 |
| 大连大赫山国家森林公园 | 金普新区 | 日本黑松、国槐 | 国家级 | 38.47 | 林业局 |
| 辽宁仙人洞国家森林公园 | 庄河市 | 刺槐、赤杨、赤松 | 国家级 | 35.75 | 林业局 |
| 辽宁长山群岛国家海岛森林公园 | 长海县 | 日本黑松、刺槐 | 国家级 | 46.31 | 林业局 |
| 辽宁普兰店国家森林公园 | 普兰店区 | 刺槐、杨树、柞树 | 国家级 | 110.00 | 林业局 |
| 辽宁金龙寺国家森林公园 | 甘井子区 | 油松、刺槐 | 国家级 | 21.38 | 林业局 |
| 大连天门山国家森林公园 | 庄河市 | 油松、赤松 | 国家级 | 31.00 | 林业局 |
| 银石滩国家森林公园 | 庄河市 | 油松、赤松 | 国家级 | 0.92 | 林业局 |
| 大连西郊国家森林公园 | 甘井子区 | 日本黑松、赤松 | 国家级 | 59.58 | 林业局 |
| 长兴岛海滨省级森林公园 | 长兴岛 | 日本黑松、赤松 | 省级 | 33.07 | 林业局 |
| 大连大黑石省级生态文化森林公园 | 甘井子区 | 油松、刺槐 | 省级 | 17.60 | 林业局 |
| 大连龙门汤省级森林公园 | 瓦房店市 | 刺槐、日本黑松 | 省级 | 50.78 | 林业局 |
| 大连骆驼山海滨森林公园 | 瓦房店市 | 红松、樟子松 | 省级 | 22.43 | 林业局 |
| 大连度仙谷森林公园 | 庄河市 | 油松、赤松 | 省级 | 4.02 | 林业局 |
| 合计 | — | — | — | 498.72 | — |

**附表 5　大连市地质公园名录**

| 地质公园名称 | 地理位置 | 级别 | 面积/平方公里 | 管理部门 |
| --- | --- | --- | --- | --- |
| 大连滨海国家地质公园 | 大连沿海及大黑山、南山、老铁山 | 国家级 | 216.42 | 国土资源及房屋管理局 |
| 大连冰峪沟国家地质公园 | 庄河仙人洞镇 | 国家级 | 102.92 | 国土资源及房屋管理局 |
| 合计 | — | — | 319.34 | — |

**附表 6　大连市省控饮用水水源保护区信息表**　　单位：平方公里

| 省控饮用水水源保护区名称 | 所在河流 | 一级保护区面积 | 二级保护区面积 | 准保护区面积 | 管理部门 |
| --- | --- | --- | --- | --- | --- |
| 碧流河水库（境内） | 碧流河 | 52.58 | 489.2 | 299.00 | 环境保护局 |
| 英那河水库（境内） | 英那河 | 39.20 | 67.55 | 264.05 | 环境保护局 |
| 刘大水库 | 大沙河 | 15.03 | 41.35 | 219.99 | 环境保护局 |
| 松树水库 | 复州河 | 20.75 | 42.01 | 243.26 | 环境保护局 |
| 朱隈子水库 | 庄河西支流 | 25.69 | 109.40 | 93.54 | 环境保护局 |
| 转角楼水库 | 湖里河西支 | 23.87 | 60.25 | 51.58 | 环境保护局 |
| 东风水库 | 复州河 | 21.12 | 84.21 | 253.08 | 环境保护局 |
| 大梁屯水库 | 清水河 | 8.48 | 16.30 | 20.48 | 环境保护局 |
| 鸽子塘水库 | 三十里河 | 4.83 | 11.71 | 33.84 | 环境保护局 |
| 五四水库 | 长山河 | 4.13 | 22.18 | — | 环境保护局 |
| 卧龙水库 | 东大河 | 2.92 | 22.50 | 18.85 | 环境保护局 |
| 小龙口水库 | 小龙口河、引英那河水库 | 0.31 | 0.66 | — | 环境保护局 |
| 大沙河水库 | 大沙河 | 0.40 | 5.25 | — | 环境保护局 |
| 登沙河 | 登沙河 | 0.26 | 10.15 | — | 环境保护局 |
| 自来水公司井群 | — | 1.17 | 0.96 | — | 环境保护局 |
| 马栏河井群 | — | 0.0016 | 0.126 | — | 环境保护局 |
| 三道沟井群 | — | 0.0057 | 0.046 | — | 环境保护局 |

**附表 7　大连市市控饮用水水源保护区区划信息表**　　单位：平方公里

| 饮用水水源保护区名称 | 所在河流 | 一级保护区面积 | 二级保护区面积 | 准保护区面积 | 管理部门 |
| --- | --- | --- | --- | --- | --- |
| 大西山水库 | 马栏河 | 2.86 | — | 27.21 | 环境保护局 |
| 龙王塘水库 | 龙王河 | 2.95 | 1.90 | 28.49 | 环境保护局 |
| 洼子店水库 | 大沙河末端支流 | 4.43 | 8.02 | — | 环境保护局 |

续表

| 饮用水水源保护区名称 | 所在河流 | 一级保护区面积 | 二级保护区面积 | 准保护区面积 | 管理部门 |
|---|---|---|---|---|---|
| 北大河水库 | 北大河 | 3.28 | 24.51 | 12.09 | 环境保护局 |
| 王家店水库 | 马栏河 | 1.62 | 0.71 | 29.00 | 环境保护局 |

**附表 8　大连市市控饮用水控制区区划信息表**　　单位：平方公里

| 市控饮用水水源保护区名称 | 所在河流 | 严格控制区面积 | 一般控制区面积 |
|---|---|---|---|
| 小孤山水库 | 小孤山河 | 2.69 | 26.00 |
| 凌水水库 | 凌水河 | 0.65 | 9.27 |
| 老座山水库 | 老座山河 | 1.26 | 18.22 |
| 牧城驿水库 | 牧城驿河 | 2.14 | 17.02 |

**附表 9　大连市海洋公园名录**

| 海洋公园名称 | 所在地点名称 | 级别 | 保护区面积/平方公里 | 管理部门 |
|---|---|---|---|---|
| 大连长山群岛国家级海洋公园 | 长海县 | 国家级 | 519.39 | 海洋与渔业局 |
| 大连金石滩国家级海洋公园 | 金普新区金石滩 | 国家级 | 110.00 | 海洋与渔业局 |
| 合计 | — | — | 629.39 | — |